WIR ZWEI

Charles A. Lindbergh

MAVENPRESS®

WIR ZWEI

Mit der Spirit of St. Louis über den Atlantik

MavenPress®
Angelburger Str. 23-25
24937 Flensburg
www.MavenPress.de

1. Auflage 2013

Übersetzung der amerikanischen Originalausgabe:
»We«, G. P. Putnam's Sons, New York–London

Umschlaggestaltung: G&U Language & Publishing Services GmbH, Flensburg
Übersetzung: G&U Language & Publishing Services GmbH, Flensburg
Gesamtherstellung: G&U Language & Publishing Services, *www.GundU.com*
Fachlektorat und deutsche Bearbeitung: Volkmar Gronau
Kartenillustration: René Werl, R. W. Airbrushdesign, Flensburg

Printed by Stega Tisak d.o.o.
ISBN 978-3-941-71905-7

Inhaltsverzeichnis

Geleitwort 7

1 Meine Familie und erste Begegnungen mit der Fliegerei 11

2 Mein erstes Flugzeug 29

3 Ich als Barnstormer 51

4 Auf dem Weg nach Süden 69

5 Die Ausbildung beginnt 87

6 Das Pilotenabzeichen 105

7 Ich steige bei der Luftpost ein 127

8 Rettung mit dem Fallschirm 143

9 Von San Diego nach New York 163

10 Von New York nach Paris 175

11 Schlusswort 189

▶ *Mitchell Field, Long Island – Nach dem Flug nach Washington*

Geleitwort

Mein Vater, Charles Lindbergh, schrieb »Wir zwei« im Alter von 25 Jahren, nachdem er den Atlantik nonstop von New York nach Paris in seinem einmotorigen Ryan-Eindecker, der *Spirit of St. Louis*, überquert hatte. Er schrieb das Buch im Hause seines Freundes und Luftfahrt-Unterstützers Harry Guggenheim in nur drei Wochen im Juni 1927.

Aufgrund der Begeisterung, die dieses außergewöhnliche Abenteuer hervorrief, war mein Vater einverstanden, ein Buch über den Flug zu schreiben. Es war jedoch schwer, die öffentliche Aufmerksamkeit auf die wahren Motive dieser Tat zu lenken – die Förderung der aufstrebenden Luftfahrt –, denn er wurde zu einem internationalen Helden und zum Objekt einer schwindelerregenden Begeisterung. Es wurden Lieder über ihn gedichtet und Filme gedreht, Menschenmengen füllten die Straßen, wo immer er sich aufhielt, Autogrammjäger verfolgten ihn und Reporter versuchten, jedes Detail seines Privatlebens herauszubekommen.

Eine solche Berühmtheit zu werden, hatte der zurückhaltende junge Mann aus dem mittleren Westen nicht erwartet. Sein brennendes Interesse waren Flugzeuge, nicht der Ruhm. Er war nicht auf das Leben in der Öffentlichkeit vorbreitet und hatte auch keinen besonderen Wunsch, im Rampenlicht zu stehen. Während all dieser Jahre, die auf diesen bedeutenden Flug folgten, musste mein Vater hart arbeiten, um seinen vielfältigen Interessen – Luftfahrt, Forschung und Naturschutz – nachzukommen und dabei sein Privatleben und seine Unabhängigkeit zu bewahren.

Dieses erste Buch meines Vaters lässt von diesen Anstrengungen nur wenig ahnen. Ruhm war neu für ihn, und die Geschichte, die er erzählen wollte, war die der Fliegerei und die der Personen, die dieses Abenteuer möglich machten. Nach Veröffentlichung des Buchs legte er Wert darauf, dass mit dem englischen Titel »We« nicht nur er und sein Flugzeug gemeint waren, wie man vermutete, sondern die Gemeinschaft der Luftfahrtpioniere: die Geldgeber aus St. Louis, denen er (neben seiner Mutter) das Buch gewidmet hat, die mutigen Piloten wie die Franzosen Nungesser und Coli, die ihr Leben bei dem gleichen Unterfangen verloren, und alle Piloten der Vergangenheit, Gegenwart und Zukunft.

Das Wunderbarste an »Wir zwei« ist meiner Meinung jedoch, dass es das Buch eines jungen Mannes ist. Im Gegensatz zu den späteren Veröffentlichungen meines Vaters, die länger und nachdenklicher sind, hat es einen frischen, sachlichen Ton. Seiner Familie hat er gestanden, dass er es immer bereut hat, in seinem ersten Buch nur wenig über den Flug des Jahres 1927 geschrieben zu haben. Er benötigte Jahre und nicht Wochen, um ein längeres und nachdenklicheres

Buch zu schreiben, *The Spirit of St. Louis*, das 1948 herauskam, den Pulitzerpreis gewann und schließlich mit Jimmy Stewart in der Hauptrolle verfilmt wurde.

Der Charles Lindbergh des Jahres 1927 musste sein Buch jedoch sehr schnell zu Papier bringen. Er stand unter dem Druck seines Verlegers, G. P. Putnam's Sons, und einer anstehenden Tournee mit der *Spirit of St. Louis* durch 82 Städte, die durch die Guggenheim-Familie gesponsert wurde und die die Luftfahrt vorantreiben sollte. Um das Buch rechtzeitig fertig zu stellen, musste er sich mehrere Tage lang in ein ruhiges Zimmer des Guggenheim-Anwesens *(Falaise)* an der Küste Long Islands zurückziehen und sein gesamtes Leben bis zum gerade abgeschlossenen Flug nacherzählen. Er musste hochkonzentriert arbeiten und dabei viele Erinnerungen zu Tage fördern.

Es war das Leben eines Knaben, auf das er sich dort besonnen hat, ein Leben voller Taten und Abenteuer, das er mit Liebe zum Detail beschrieben hat und mit der Würze der ersten Tage der Fliegerei in all ihrem Glück und mit all ihren Risiken. Nach einem kurzen Blick auf die Familiengeschichte erzählt mein Vater Episoden aus seiner fliegerischen Laufbahn und der seiner Kameraden im Amerika des frühen zwanzigsten Jahrhunderts. Es sind Erinnerungen an Landungen auf Wiesen (damals gab es fast keine Landeplätze oder gar Flughäfen), wo sich Kühe und Esel an der Tuchbespannung der Tragflächen gütlich taten und beschädigte Flugzeuge manchmal mit Pferden aus Heuhaufen gezogen werden mussten. Es finden sich Beschreibungen von Schauflügen quer durchs Land und von Auftritten als Wingwalker auf Kirmessen. Dann folgen seine Erlebnisse als Postflieger auf der Strecke Chicago–St. Louis. Zu dieser

Zeit begann er auch, sich den Flug von New York nach Paris auszumalen.

Der Flug selbst wird schlicht und exakt erläutert, ohne Tamtam oder Selbstverherrlichung. Ich liebe besonders die Stellen, an denen er beschreibt, was er während des Fluges beobachtet: Wolken, Sterne, Vögel, Zwergwale und die beim Durchfliegen von Nebelschwaden entstehenden Trugbilder. Das Gefühl, mit ihm zusammen im Flugzeug zu sitzen, ist überwältigend und bewegend und bringt ihn dem Leser nahe.

In diesem Buch begegne ich meinem Vater als er selbst, mehr als in allen anderen Werken und zu einer Zeit, in der er genau das tun konnte, was er sich wünschte, mit der ihm eigenen Sorgfalt und traumhaften Freiheit: Flugzeuge fliegen. In gewissem Sinne ist dies ein Mann, den ich niemals richtig kennengelernt habe, denn ich wurde erst viele Jahre nach dem Flug und dem Erscheinen des Buchs geboren. In »Wir zwei« ist ein kurzer Moment seines Lebens festgehalten, erzählt mit seinen eigenen Worten, mit der Energie und dem Enthusiasmus, etwas zu vollbringen, und mit der Konzentration und dem Blick eines Mannes mit großen Erwartungen an die Zukunft. Dieses Buch bietet die seltene Gelegenheit, mit ihm zusammen zu sein und diesen Augenblick zu teilen. Für mich ist es ein Privileg und eine Freude.

Reeve Lindbergh, 2012

1 Meine Familie und erste Begegnungen mit der Fliegerei

Am 4. Februar 1902 wurde ich in Detroit, Michigan geboren. Mein Vater arbeitete damals als Anwalt in Little Falls, Minnesota. Ich war noch keine zwei Monate alt, als meine Eltern mich auf ihre Farm holten, die zwei Meilen südlich von Little Falls am Westufer des Mississippi lag.

Mein Vater, Charles A. Lindbergh, wurde am 20. Januar 1860 als Sohn von Ola und Louisa Manson in Stockholm geboren. Sein Vater wiederum (der seinen Namen nach der Übersiedlung nach Amerika in Lindbergh änderte) war Mitglied des schwedischen Parlaments und diente zeitweilig als Staatssekretär. Um 1860 ging mein Großvater mit seiner Familie an Bord eines Schiffes nach Amerika und ließ sich in Minnesota in der Nähe von Sauk Center nieder. Er erwarb Land und baute sein erstes Zuhause in Amerika – eine Blockhütte. Hier verbrachte mein Vater seine ersten Lebensjahre.

Hochwürden C. S. Harrison, der für die Minnesota Historical Society schrieb, berichtet über die Tätigkeiten meines Großvaters während der ersten Jahre in Minnesota.

Zu diesem Zeitpunkt gab es nur wenige Schulen in Minnesota, sodass mein Vater seine Kindheit hauptsächlich mit Jagen und Angeln verbrachte. Seine Schulbildung erlangte er zum größten Teil durch Privatunterricht mit gelegentlichen kurzen Aufenthalten an Landschulen.

Er studierte an der Grove Lake Academy in Minnesota und machte seinen Abschluss als Anwalt an der juristischen Fakultät der University of Michigan in Ann Arbor.

Die juristische Tätigkeit nahm er in Little Falls als Kreisanwalt auf. Später begann er sich für Politik zu interessieren und wurde 1906 in den 60. Kongress gewählt, um in Washington den 6. Bezirk von Minnesota zu vertreten. In dieser Eigenschaft diente er zehn Jahre lang.

Meine Mutter wurde als Tochter von Charles und Evangeline Land in Detroit (Michigan) geboren und hat englische, irische und französische Wurzeln. An der University of Michigan graduierte sie mit einem Bachelor der Naturwissenschaften, an der Columbia University in New York City mit einem Magister in Kunst. Ihr Vater, Dr. Charles H. Land, ein Zahnarzt aus Detroit, werde in Simcoe im kanadischen Norfolk County geboren. Dessen Vater wiederum, Colonel John Scott Land, kam aus England und war einer der Gründer der Stadt Hamilton.

Mein Großvater experimentierte ständig in seinem Labor. Er hatte eine Reihe Patente für Roste und Brennöfen, die besonders hohe Temperaturen erreichen konnten, für

Gold- und Emaille-Füllungen und andere zahnärztliche Techniken. Als einer der ersten hatte er die Möglichkeiten der Verwendung von Keramik in der Zahnmedizin vorausgesehen und wurde später als »der Vater der zahnärztlichen Keramik« bezeichnet.

▶ *Vater und Sohn*

Abgesehen von einigen wenigen Ausflügen nach Detroit verbrachte ich die ersten vier Jahre meines Lebens in unserem Zuhause in Minnesota, doch als mein Vater dann in den Kongress gewählt wurde, verbrachte ich nur noch selten mehr als ein paar Monate hintereinander am selben Ort. Die Winter verbrachten wir in Washington, die Sommer in Minnesota, und zwischendurch besuchten wir Detroit.

Im Alter von acht Jahren trat ich in die Force School in Washington ein. Da wir jedoch ständig von einem Ort zum anderen zogen, war mein Schulbesuch sehr unregelmäßig. Bis ich mich an der University of Wisconsin immatrikulierte, hatte ich kein einziges vollständiges Schuljahr abgeleistet. Meine Ausbildung hatte ich von über einem Dutzend verschiedener Einrichtungen erhalten – öffentliche und private, von Washington bis Kalifornien.

Während all dieser Jahre zog ich immer wieder kreuz und quer durch die USA und machte auch einmal einen Ausflug nach Panama. Dabei entwickelte ich meine Reiselust und mein Fernweh, die mich mein Leben lang begleiteten.

In der Schule lagen meine Hauptinteressen auf technischem und naturwissenschaftlichem Gebiet. Nach dem Abschluss an der High School von Little Falls beschloss ich daher, Kurse in Maschinenbau zu belegen. Zwei Jahre später begann ich meine Ausbildung am College of Engineering an der University of Wisconsin in Madison.

An der Universität interessierte ich mich intensiv für die Fliegerei. Seit ich 1912 in der Nähe von Washington, D.C., zum ersten Mal ein Flugzeug gesehen hatte, war ich fasziniert vom Fliegen. Bis ich mich 1922 bei einer Flugschule anmeldete, war ich einem Flugzeug jedoch niemals so nahe gekommen, dass ich es hätte berühren können.

Die endlosen Stunden des Studiums am College stellten für mich eine Herausforderung dar. Ich hatte den Großteil meines Lebens im Freien verbracht und es bis dahin nicht für notwendig erachtet, mehr als einen Bruchteil meiner Zeit im Studierzimmer zuzubringen.

Meine wichtigsten Freizeitbeschäftigungen in Wisconsin bestanden aus Schießwettbewerben mit den Gewehr- und Pistolenmannschaften konkurrierender Universitäten und aus Ausflügen mit meinem Motorrad, mit dem ich zur Einschreibung an der Universität von Minnesota hierher gefahren war.

Meine Erziehung zu Hause in Minnesota schloss auch das Training mit einer Waffe ein, und zu Beginn meines ersten Jahres in Wisconsin fand ich einen Platz im Team des Ausbildungskorps für Reserveoffiziere (Reserve Officer's Training Corps, ROTC). Von diesem Zeitpunkt an verbrachte ich jede Minute, die ich mich von meinen Studien davonstehlen konnte, auf dem Schießstand oder dem Schießplatz.

Die ersten sechs Wochen der Ferien nach meinem ersten Universitätsjahr war ich an der Artillerieschule in Camp Knox, Kentucky. Anschließend fuhr ich mit meinem Motorrad in den Süden und machte mich mit 48 $ in der Tasche auf in Richtung Florida. Nach der Ankunft in Jacksonville machte ich mich am selben Tag wieder auf den Rückweg, allerdings über eine andere Route, die weiter westwärts führte als die erste. 17 Tage nach meinem Aufbruch in Camp Knox kam ich wieder in Madison an – mit einem dringend reparaturbedürftigen Motorrad und neun Dollar in der Tasche. Ich blieb in Madison, bis der Motor überholt war, und fuhr dann nach Little Falls, um dort den Rest der Ferien zu verbringen.

Kurz nach dem Beginn meines dritten Semesters in Wisconsin entschied ich mich ernsthaft dazu, Aeronautik zu studieren. Wenn ich mit diesem Gebiet vertrauter war und es mir dann immer noch zukunftsträchtig erschien, wollte ich daraus meinen Lebensunterhalt bestreiten.

Ich blieb noch an der University of Wisconsin, um die erste Hälfte des zweiten Studienjahres abzuschließen. Dann verließ ich gegen Ende März 1922 Madison und machte mich mit meinem Motorrad auf den Weg nach Lincoln in Nebraska, wo ich mich als Flugschüler bei der Nebraska Aircraft Corporation angemeldet hatte.

Im März 1922 waren die Straßen in Wisconsin nicht alle befestigt, und nachdem ich den gut gepflasterten Highway verlassen hatte, kam ich in den nächsten vier Stunden nur ungefähr genauso viele Meilen vorwärts. Schließlich packte ich mein Motorrad auf den nächsten Bauernwagen, der vorbeifuhr, und ließ es in der nächsten Stadt mit der Bahn nach Lincoln transportieren.

Am 1. April kam ich in Lincoln an, und am 9. April erlebte ich meinen ersten Flug als Passagier in einer Lincoln Standard mit Otto Timm als Pilot.

Wenige Tage später erhielt ich im selben Flugzeug meinen ersten Unterricht, und zwar von Ira Oris Biffle, der in der Nebraska Aircraft Corporation als der abgebrühteste Ausbilder bekannt war, den das Militär während des Krieges je gesehen hatte.

Die nächsten zwei Monate verbrachte ich damit, auf die eine oder andere Weise zu meinem Flugunterricht zu kommen, und so viel zu lernen, wie es mir im Werk nur möglich war. Zu dieser Zeit gab es zur Ergänzung der Flugstunden keinen weiteren Unterricht.

Hinweis

Bei der Lektüre des folgenden Berichts über die Fliegerei in der Nachkriegszeit, vor dem Aufkommen von Luftfahrtgesetzen und der Einführung einer Luftfahrtbehörde, sollte der Leser stets im Hinterkopf behalten, dass die hier geschilderten Erfahrungen und Vorfälle in keiner Weise die Bedingungen in der modernen kommerziellen Fliegerei widerspiegeln.[1] *Darüber hinaus lag das Risiko bei den spektakulärsten Ereignissen ausschließlich bei den Piloten und professionellen Fliegern, und es handelte sich dabei meistens um Schau- oder Testflüge.*

Bei allen vier Fallschirmeinsätzen, die hier geschildert werden, wäre das Flugzeug unter den Bedingungen, die den Absprung unausweichlich machten, niemals mit Passagieren an Bord gestartet.

Die kommerzielle Luftfahrt hat sich in den letzten Jahren rasch entwickelt. Bei einer ordnungsgemäß betriebenen Luftfahrtgesellschaft schneidet die Sicherheit im Vergleich mit anderen Transportmitteln positiv ab.

1 Das Buch wurde 1927 geschrieben.

Wegen der starken Winde, die in Nebraska um die Mittagszeit vorherrschten, und der damit einhergehenden Turbulenzen, die Anfängern das Fliegen erschweren, fanden die meisten unserer Flüge am frühen Morgen oder späten Abend statt.

Dass ich trotzdem ein gerüttelt Maß an Flugstunden bei rauem Wetter bekam, lag wahrscheinlich daran, dass unser Ausbilder – »Biff«, wie wir ihn gewöhnlich nannten – einige unverrückbare Überzeugungen vertrat, zu denen unter anderem die Ansicht gehörte, die frühen Morgenstunden seien nicht die richtige Zeit für Ausbilder, um aufzustehen. Da ich der einzige Flugschüler und Biff mein Ausbilder war, bekam ich sehr wenige Flugstunden am frühen Morgen.

Bis Ende Mai hatte ich um die acht Unterrichtsstunden erhalten, die mich (neben den 500 $ für den Kurs) ungefähr 150 $ für Bahnfahrten und persönliche Ausgaben kosteten.

Eines Morgens verkündete Biff, dass ich zum ersten Alleinflug bereit sei. Allerdings verlangte der Geschäftsführer des Unternehmens eine Kaution, um mögliche Beschädigungen des Flugzeugs abzudecken. Die allerdings konnte ich nicht beibringen, weshalb ich erst mehrere Monate später ein Flugzeug allein in die Luft brachte.

Zuvor hatte ich meinen Flugkurs komplett absolviert. Das Ausbildungsflugzeug war an E. G. Bahl verkauft worden, der eine Barnstorming-Tournee mit Schauflügen durch den Südosten Nebraskas plante. In Lincoln traf ich mit Bahl zusammen und bot ihm an, für meine eigenen Kosten aufzukommen, wenn er mich als Mechaniker und Helfer mitnahm. Infolgedessen bereisten wir die meisten Städte von Nebraska südöstlich von Lincoln gemeinsam als Barnstormer. Ihm verdanke ich meine ersten praktischen Erfahrungen im Überlandfliegen.

Verladen der »Spirit of St. Louis«

»Barnstorming« ist ein Fliegerausdruck dafür, von Ort zu Ort zu fliegen und jeden, der genügend Begeisterung für die Luftfahrt mitbringt, auf einen kurzen Flug über das Land mitzunehmen. 1922 wurden für einen Flug von fünf bis zehn Minuten üblicherweise fünf Dollar verlangt.

Während ich mit Bahl flog, begann ich auch ein wenig »Wingwalking« zu wagen. Häufig lockten wir eine große Menge Schaulustiger zu der Weide oder dem Stoppelfeld, das uns als Stützpunkt diente, indem wir in niedriger Höhe über den Ort flogen, während ich am Rand einer der Tragflächen stand.

Im Juni kehrte ich nach Lincoln zurück, um noch ein wenig mehr Ausbildung zu erhalten.

Um diese Zeit kam auch Charlie Harden, der in Fliegerkreisen für die Entwicklung von Fallschirmen bekannt war, nach Lincoln. Von den Fallschirmsprüngen, die ich gesehen hatte, war ich fasziniert, weshalb ich Ray Page dazu überredete, mich mit Hardens Fallschirmen einen Doppelabsprung machen zu lassen.

Bei einem Doppelabsprung werden zwei Fallschirme mit einem Seil verbunden und beide in einem schweren Leinensack verpackt. Die Öffnung des Sacks wird mit einer Schleife wie bei einem Schuhband verschnürt. Anschließend wird der Sack mit der verschnürten Öffnung nach unten in der Mitte der Tragfläche festgezurrt. Hat das Flugzeug eine ausreichende Höhe erreicht, klettert der Springer aus dem Cockpit, begibt sich über die Tragfläche zu dem Sack, befestigt die Fallschirmriemen an seinem Geschirr und schwingt sich unter die Tragfläche. In dieser Stellung wird er nur von den Gurten unter dem Flugzeug gehalten, die die Öffnung des Sackes mit seinem Fallschirm verschließen, während der Sack selbst sicher an der Tragfläche befestigt ist. Wenn der Springer bereit ist, zieht er die Schleife auf, sodass sich der Sack öffnet und der Fallschirm von seinem eigenen Gewicht nach draußen gezerrt wird.

Nachdem sich der erste Fallschirm ganz geöffnet hat, schneidet der Springer das Seil durch, das den zweiten Fallschirm mit dem ersten verbindet. Der erste Schirm, der jetzt vom Gewicht des Springers befreit ist, fällt zusammen, und überholt ihn auf dem Weg nach unten.

Meinen ersten Sprung führte ich an einem Juniabend aus einer Höhe von 600 m über dem Flugplatz durch.

Der erste Fallschirm öffnete sich schnell, und nachdem ich einige Sekunden lang nach unten geschwebt war, schnitt ich ihn vom zweiten los. Ich erwartete, dass der Vorgang bei dem zweiten Schirm ganz ähnlich verlaufen würde, aber ich konnte nicht das beruhigende Rucken der Tragegurte spüren, das sich gewöhnlich bei einem Schausprung beobachten lässt. Da ich noch nie zuvor einen Sprung gemacht hatte, kam es mir nicht in den Sinn, dass irgendetwas nicht ganz richtig verlief, bis ich nach einigen Sekunden herumgewirbelt wurde und mit dem Kopf nach unten zu fallen begann. Ich hielt nach dem Fallschirm Ausschau und konnte gerade noch sehen, wie er sich entfaltete. Dann zerrte mich das Geschirr in aufrechte Position, und der Fallschirm war geöffnet. Später erfuhr ich, dass die Öffnung des zweiten Fallschirms mit Bindfaden an den ersten gebunden, diese Schnur aber beim Packen der Fallschirme beschädigt worden war. Daher hatte sich der zweite Schirm beim Losschneiden nicht geöffnet, sondern war mir in zusammengefaltetem Zustand gefolgt, sodass ich mehrere Dutzend Meter in die Tiefe stürzte, bevor er endlich aufging.

Ich blieb zwei Wochen in Lincoln und arbeitete für einen Wochenlohn von 15 $ im Werk von Lincoln Standard. Dann erhielt ich ein Telegramm von H. J. Lynch, der erst wenige Wochen zuvor eine Standard gekauft hatte und sich auf einer Barnstorming-Tournee im Westen von Kansas befand. Für einige Vorführungen, für die er in Kansas und Colorado gebucht worden war, brauchte einen Fallschirmspringer, weshalb er mich bat, ihn in dieser Rolle zu begleiten, wobei ich nur für einen Bruchteil der Kosten aufkommen sollte. Page bot mir als Ersatz für meine restlichen Flugstunden einen neuen Harden-Fallschirm an, und ich nahm den Zug nach Bird City in Kansas.

Lynch und ich gingen im westlichen Kansas und im östlichen Colorado auf Barnstorming-Tournee und gaben dort eine Reihe von Vorstellungen, in denen ich gewöhnlich mit dem Fallschirm absprang und auf den Tragflächen herumlief.

Im Herbst machten wir uns zusammen mit »Banty« Rogers, einem Weizenbauern mit eigenem Flugzeug, auf den Weg nach Montana. Unser Kurs führte über einen Zipfel von Nebraska und dann an den Big Horn Mountains entlang und über Custers Schlachtfeld hinweg durch Wyoming. Einmal mussten wir aufgrund eines Motorschadens in Wyoming in der Nähe einer Büffelherde notlanden, und während Lynch den Motor reparierte, näherte ich mich den Tieren, um ein Bild von ihnen aufzunehmen. Ich hatte nicht gedacht, dass sie etwas dagegen hätten, fotografiert zu werden, aber als ich hundert Meter von ihnen entfernt war, blickte ein alter Bulle auf und stampfte mit den Hufen. Im nächsten Augenblick standen sie mir alle in einer Reihe mit gesenkten Köpfen gegenüber. Ich schoss das Foto, verlor aber keine Zeit mehr, sondern kehrte zum Flugzeug zurück.

▸ *Die Erbauer des Flugzeugs. William H. Bowlus, Farbikmanager, Ryan Airlines, B. Franklin Mahoney, President, Ryan Airlines, Charles A. Lindbergh, Doanld A. Hall, Chefingenieur und Designer, A. J. Edwards, Verkaufsleiter*

Inzwischen hatte Lynch den Fehler gefunden, sodass wir wieder abheben konnten.

Nachdem wir etwa eine Woche in Billlings, Montana, zugebracht hatten, tauschte Lynch das Flugzeug mit einem Piloten namens Reese, der eine Standard von Lloyd Lamb aus Billings flog. Lynch und ich blieben in Montana, während Reese mit Rogers nach Kansas zurückkehrte.

Bis Mitte Oktober betätigten wir uns als Barnstormer in Montana und im nördlichen Teil von Wyoming, wobei wir auch Vorführungen auf den Jahrmärkten in Lewistown und Billings gaben.

▸ *St. Louis, Missouri. – Die Geldgeber des nonstop-Flugs nach Paris*

Beim Jahrmarkt in Lewistown mieteten wir eine Fläche neben dem Rummelplatz und hatten drei Tage lang Hochbetrieb. Wir hatten im Zaun einen Durchgang zum Jahrmarkt schaffen lassen. Ein Pförtner verkaufte Tickets an alle, die im Flugzeug mitfliegen wollten. Das alles tat er für nur einen kostenlosen Fallschirmsprung!

In Billings jedoch war unser Feld recht weit vom Jahrmarkt entfernt, weshalb wir einen Plan ausheckten, um das Publikum zu uns zu locken. Wir stopften eine Puppe mit Stroh und Erde aus, um ihr eine ausreichende Fallgeschwindigkeit zu geben, damit sie so schnell wie ein Mensch fallen konnte.

Als die Zuschauertribünen an diesem Nachmittag gut gefüllt waren, starteten wir von unserem Feld, die Puppe zusammen mit mir im vorderen Cockpit. Ich kletterte nach draußen auf die Tragfläche, und wir führten über dem Rummelplatz eine Reihe von Kunststücken durch, um die

Aufmerksamkeit auf uns zu lenken. Dann drehte Lynch das Flugzeug so, dass niemand mich auf der Tragfläche sehen konnte, und warf die Puppe nach draußen. Sie stürzte mit wild um sich schlagenden Armen und Beinen nach unten und kam in der Nähe des Yellowstone River auf.

Wir kehrten zu unserem Feld zurück und erwarteten die neugierigen Scharen, die zu uns stürmten würden, um mehr zu erfahren. Etwa zwei Stunden später erschien eine Hand voll Einheimischer, die uns von einer der anderen Attraktionen berichteten – von einem Kerl, der von einem Flugzeug aus in den zu diesem Zeitpunkt nicht einmal einen Meter tiefen Yellowstone River gesprungen sei. Das war unser letzter Versuch, eine Menschenmenge in Montana zu beeindrucken.

Im Oktober war die Barnstorming-Saison in Montana vorüber. Kurz nach der Rückkehr aus Lewistown kaufte ich für zwei Dollar ein kleines Boot. Nachdem ich es ein bisschen geflickt und die größeren Lecks abgedichtet hatte, machte ich mich den Yellowstone River abwärts allein auf den Weg nach Lincoln.[1]

Der Fluss war nicht tief und lief über eine Vielzahl von so seichten Stromschnellen, dass sogar der flache Boden meines kleinen Bootes hin und wieder auf den Steinen aufsetzte. Für zwei Dollar hatte ich kein seetüchtiges Gefährt erstehen können, und es erforderte nur wenig Gerüttel, um das Harz aus den Ritzen zu drücken und die alten Lecks wieder zu öffnen.

---

1 *Die geplante Reisesoute Lindberghs ist durchaus ambitioniert: Über den Yellowstone nach Williston in Nord-Dakota und von da aus über den Missouri nach Omaha oder Nebraska City in die Nähe von Lincoln.*

Ich hatte meine Campingausrüstung auf einer der Duchten festgezurrt, damit sie trocken blieb. Während ich mich über die allgegenwärtigen Stromschnellen flussabwärts bewegte, verbrachte ich mehr und mehr Zeit damit, das Boot mit einer alten Blechdose zu lenzen. Am Ende des ersten Tages, nach einer Reise von etwa zwanzig Meilen, brachte ich schon die Hälfte der Zeit damit zu, Wasser auszuschöpfen.

Ich schlug mein Nachtlager in einer kleinen Lichtung am Flussufer auf. Im Verlaufe des Tages waren zahlreiche Schauer niedergegangen, die den Boden aufgeweicht hatten, und gegen Abend setzte ein stetiger Nieselregen ein.

Ich errichtete mein Armeezelt auf dem trockensten Flecken, den ich finden konnte, und kroch nach einem kalten Abendessen zwischen die drei Bettdecken, die ich als Schlafsack zusammengenäht hatte.

Am nächsten Morgen war der Himmel bewölkt, der Regen aber hatte aufgehört, und nach einem kurzen Frühstück packe ich meine Ausrüstung in das Boot und machte mich wieder auf die Reise.

Der Regen setzte erneut ein, und zusammen mit dem Wasser aus den immer größer werdenden Lecks in den Seitenwänden und im Boden des Bootes erforderte er ständiges Lenzen, sodass ich an diesem Tag kaum dazu kam, die Ruder zu benutzen. Am Abend hatten die Steine das Boot so stark bearbeitet, dass es praktisch nicht mehr zu reparieren war.

Nach einer sorgfältigen Untersuchung kam ich zu dem Schluss, dass ich mit dem Boot nicht mehr weiterkommen würde. Ich überließ die Reste dem Sohn eines Ranchers in der Nähe und ließ mich von ihm als Gegenleistung mit

▲ *Gitterrohrrahmen der Spirit of St. Louis*

dem Wagen in die nächste Stadt bringen, nach Huntley in Montana. Ich verschickte meine Ausrüstung und kaufte eine Bahnfahrkarte nach Lincoln, wo ich mein Motorrad zurückgelassen hatte.

Kurz vor meinem Aufbruch aus Lincoln hatte ich mir bei einem Wettrennen mit einem Auto auf einer der Landstraßen von Nebraska einen Kolbenfresser eingehandelt. Ich hatte noch keine Zeit für die Reparatur gefunden. Nach der Rückkehr aus Montana brachte ich mehrere Tage damit zu, die Maschine zu überholen. Danach fuhr ich weiter nach Detroit, um meine Mutter zu besuchen.

Für die Reise nach Detroit brauchte ich drei Tage, und nachdem ich zwei Wochen dort geblieben war, nahm ich die Bahn nach Little Falls, um dort einige Geschäfte in Verbindung mit unserer Farm zu erledigen.

Die Wintermonate verbrachte ich teilweise auf der Farm und teilweise in Minneapolis bei meinem Vater. Bei manchen Gelegenheiten fuhren wir gemeinsam die hundert Meilen von Minneapolis nach Little Falls.

Im März 1923 verließ ich Minnesota. Nach einer Stippvisite in Detroit fuhr ich mit dem Zug nach Florida, wo ich die nächsten Wochen in Miami und den Everglades verbrachte.

2 Mein erstes Flugzeug

Seit ich im Jahr zuvor in Lincoln zu fliegen begonnen hatte, hegte ich den Ehrgeiz, ein eigenes Flugzeug zu besitzen. Als ich in Montana meinen letzten Flug mit Lynch unternahm und über den Yellowstone flussabwärts reiste, entschied ich, dass ich im nächsten Frühjahr mein eigenes Flugzeug fliegen wollte.

Daher verließ ich Anfang April Miami und ging nach Americus in Georgia, wo die Regierung eine große Menge »Jennys« versteigerte, wie wir eine bestimmte Art von Ausbildungsflugzeugen aus dem Krieg nannten. Ich kaufte eine dieser Maschinen mit einem neuen Curtis OX-5-Motor und vollständiger Ausrüstung für 500 $. Die Regierung hatten diese Flugzeuge einige Tausender gekostet, aber nach Kriegsende wurden die überflüssigen Flugzeuge für das Geld verkauft, das sie einbrachten. Die Ausbildungsflugplätze wurden aufgegeben. Americus war ein typisches Beispiel dafür. Im Jahr davor waren die Flugzeuge für gerade einmal 50 $ versteigert worden. Wenige Tage vor meiner

Ankunft hatte der letzte Offizier den Standort verlassen, der jetzt seinen Platz unter den Geisterflughäfen aus dem Krieg einnahm.

In den zwei Wochen, in denen mein Flugzeug zusammengebaut wurde, lebte ich allein auf dem Stützpunkt, wobei ich abwechselnd in einem der zwölf verbliebenen Hangars und in einem der Kasernengebäude schlief. Eines Nachmittags landete ein Besucherflugzeug, aus dessen Cockpit Reese entstieg. Von ihm hatte ich nichts mehr gehört, seit wir in Montana die Flugzeuge getauscht hatten. In dieser Nacht blieb er mit mir auf dem Stützpunkt, und wir erzählten uns von unseren Erlebnissen im letzten Jahr.

Einer der bemerkenswerten Umstände im Leben von Fliegern ist, dass sie nur selten den Kontakt zueinander endgültig verlieren. Für einen Piloten spielen Entfernungen keine Rolle. Ständig kommt irgendjemand von irgendwoher, der all die verschiedenen Flieger in seinem Landesteil kennt und bereit ist, sich mit den örtlichen Piloten zusammenzusetzen und sich mit ihnen ein bisschen im »Hangar-Fliegen« zu ergehen. Auf diese Weise bleiben die persönlichen Kontakte innerhalb des Klans erhalten.

Bis ich meine Jenny in Americus kaufte, hatte ich noch keinen Alleinflug durchgeführt, allerdings hielt ich das zu diesem Zeitpunkt streng geheim.

Nach meiner Ausbildung in Lincoln war ich nicht in der Lage gewesen, die erforderliche Kaution aufzubringen, und obwohl ich verschiedene Überlandflüge mit Bahl und Lynch durchgeführt hatte, war ich niemals allein in einem Flugzeug gewesen. Als meine Jenny komplett zusammengebaut und flugbereit war, konnte ich mich daher nicht entscheiden, wie

▸ *Die Navigation für den Flug wird ausgearbeitet.*

ich am besten vorgehen sollte. Niemand auf dem Flugplatz wusste, dass ich noch keinen Alleinflug unternommen hatte. Überdies hatte ich seit sechs Monaten nicht mehr in einem Flugzeug gesessen. Ich besaß aber auch nicht genug Geld für weitere Flugstunden. Daher rollte ich eines Tages mit dem Flugzeug zu einem Ende des Platzes, gab Gas und leitete den Start ein. Als das Flugzeug gut einen Meter über dem Boden schwebte, senkte sich die rechte Tragfläche, weshalb ich entschied, dass es an der Zeit war, zu landen. Das gelang mir auf einem Rad und einer Tragflächenkufe, aber ohne das Flugzeug zu beschädigen. Jetzt erst bemerkte ich, dass der Wind heftig blies, weshalb ich mich entschloss, auf ruhigeres Wetter zu warten, bevor ich einen weiteren Flug unternahm. Ich rollte zurück in den Hangar.

Ein Pilot, der auf die Auslieferung einer weiteren Jenny wartete, bot mir ein wenig Einzelunterricht an. Ich flog mit ihm ungefähr eine halbe Stunde herum und unternahm dabei mehrere Landungen. Anschließend rollte er zum Abflugpunkt und erklärte mir, dass ich keine Probleme haben würde, sondern nur ein wenig eingerostet war, da ich längere Zeit nicht mehr hinter dem Steuerknüppel gesessen hatte. Er riet mir, bis zum Abend zu warten, wenn die Luft ruhig war, und dann einige Alleinflüge durchzuführen.

▸ *Instrumentenbrett der Spirit of St. Louis*

Als der Abend kam, rollte ich zum Start, warf einen letzten Blick auf die Instrumente und startete dann zu meinem ersten Alleinflug.

Der erste Alleinflug ist eines der Ereignisse im Leben eines Piloten, die sich ihm für alle Zeiten ins Gedächtnis einbrennen. Es ist der Höhepunkt nach Stunden schwierigen Unterrichts, Wochen harten Trainings und oft Jahren der Erwartung. Zum ersten Mal in einem Flugzeug hoch über dem Boden ganz allein zu sein, ist eine Erfahrung, die man nie vergisst.

Nach einer Woche, die mit Übungsflügen rund um Southern Field ausgefüllt waren, packte ich meine Ausrüstung und einige Ersatzteile in ein Laken, verzurrte sie im vorderen Cockpit und startete Richtung Minnesota.

Dies war der erste Überlandflug, den ich allein durchführte, weniger als eine Woche nach meinem ersten Alleinflughopser. Zusammengenommen hatte ich keine fünf Stunden allein im Cockpit zugebracht. Allerdings hatte ich im vorhergehenden Jahr bei den Flügen mit Biffle, Bahl und Lynch in den westlichen Staaten unschätzbare Erfahrungen gesammelt.

Als ich im Frühling des Vorjahres in Nebraska das Fliegen gelernt hatte, war mir klar geworden, dass fast jeder Pilot zu irgendeinem Zeitpunkt seiner Karriere in Texas geflogen war. Daher entschloss ich mich dazu, bei der ersten sich bietenden Gelegenheit selbst nach Texas zu fliegen. Ich flog nicht auf direktem Weg von Georgia nach Minnesota, sondern veranstaltete eine Rundreise, die mich auch über Texarkana führte.

Die erste Etappe führte von Americus nach Montgomery in Alabama und ging über ziemlich raues Gelände hinweg, von dem sowohl Georgia als auch Alamaba mehr als genug haben.

Vor meinem Aufbruch war ich gewarnt worden, dass der Kurs nach Texas über das »übelste Gelände für Flieger im Süden« hinwegführte. Man riet mir, entweder nordwärts direkt nach Minnesota zu fliegen, oder die Route am Golf von Mexiko entlang zu nehmen. Diese Empfehlung weckte in mir den Wunsch, herauszufinden, wie das »übelste Gelände für Flieger im Süden« aussah. Ich hatte viel Vertrauen in meine Jenny mit ihrem leistungsstarken OX-5-Motor, und mir kam es absurd vor, mit dem Flugzeug einen Umweg zu fliegen. Um die begrenzte Reichweite auszunutzen, die mir mein Treibstoffvorrat von 150 l bot, steckte ich meinen Kurs daher so ab, dass er so weit wie möglich der direkten Verbindungslinie folgte.

Der Flug nach Montgomery verlief ereignislos. Ich landete am Vormittag auf einem Militärflugplatz, tankte auf und machte mich wieder auf den Weg nach Meridian in Mississippi.

Über Meridian kam ich am späten Nachmittag an. Zum ersten Mal stand ich vor dem Problem, einen geeigneten Platz für die Landung zu finden.

Ein erfahrener Pilot kann fast auf einen Blick alle wichtigen Eigenschaften eines Landeplatzes ablesen. Er kann die Größe, den Zustand des Bodens, die Höhe des Grases, das Vorhandensein von Steinen, Löchern, Pfosten und Gräben erkennen und feststellen, ob das Gelände uneben und abschüssig oder flach und glatt ist. Mit einem Wort, er kann

▶ *»Wir Zwei« machen einen Testflug.*

abschätzen, ob das Feld zur Landung geeignet ist oder ob er lieber nach einem besseren Ausschau halten sollte. Der Erfolg der alten Barnstormer maß sich zu einem großen Teil an der Kunst, ein geeignetes Feld als Ausgangsbasis auszuwählen. Bei einem Ausfall des Motors hing die Sicherheit der Passagiere, des Piloten selbst und des Flugzeugs davon ab, wie rasch er den bestmöglichen Landeplatz auswählen und seine Maschine dorthin manövrieren konnte. In großer Höhe oder bei einem Schaden, der nicht zu einem vollständigen Ausfall des Motors führt, spielt die Zeit keine so große Rolle, denn wenn der Motor um ein-, zweihundert U/min nachlässt bis er gar nicht mehr läuft, kann ein Flugzeug immer noch eine weite Strecke gleiten. Die durchschnittlichen Maschinen aus dem Krieg konnten mindestens fünfmal so weit gleiten, wie die Flughöhe betrug. Befand sich das Flugzeug also tausend Meter über dem Boden, konnte der Pilot gefahrlos einen Landeplatz auswählen, der fünf Kilometer entfernt lag. Fiel der Motor aber kurz nach dem Abheben aus, waren eine sofortige Entscheidung und unmittelbares Handeln gefragt.

Für den Amateur dagegen ist der Blick aus der Höhe noch fremd. Die Wahrnehmung aus einem Flugzeug entspricht nicht dem, was man von einem mehrstöckigen Gebäude aus sieht, außerdem wirkt der Boden ganz anders. Hügel erscheinen als flaches Land, Felsen und Gräben sind unsichtbar, Größen täuschen und Sümpfe kommen einem vor wie festes Grasland. Der Flugschüler hat nicht die Erfahrungen, die für einen erfolgreichen Piloten unverzichtbar sind, doch die einzige Lernmethode besteht darin, selbst die Initiative zu ergreifen, um das Angebot an Landeplätzen zu nutzen und zu erweitern.

Im Jahr 1923 gab es in Meridian keinen richtigen Flugplatz. Nur wenige Felder boten sich für eine halbwegs sichere Landung an. Nachdem ich eine halbe Stunde gesucht hatte, entschied ich mich für die größte Weide, die ich erkennen konnte, und unternahm die beste Art von Kurzstreckenlandung, die ich damals kannte. Ich kam am Rand des Feldes mit Vollgas knapp über den Baumwipfeln heraus, zog das Gas dann heraus und ließ das Flugzeug Landegeschwindigkeit erreichen. Bei dieser Methode geht die Maschine mit erheblicher Geschwindigkeit nieder und benötigt daher eine viel längere Landebahn als üblich. Solange der Pilot aber noch nicht genug Erfahrung hat, um ein »Gefühl« für sein Flugzeug zu entwickeln, ist es weit sicherer, zu schnell als zu langsam hereinzukommen.

In Meridian hatte es geregnet. Das Feld war aufgeweicht, sodass meine Jenny nach dem Aufsetzen nicht sehr weit ausrollte und ich immer noch viel freies Gelände vor mir hatte.

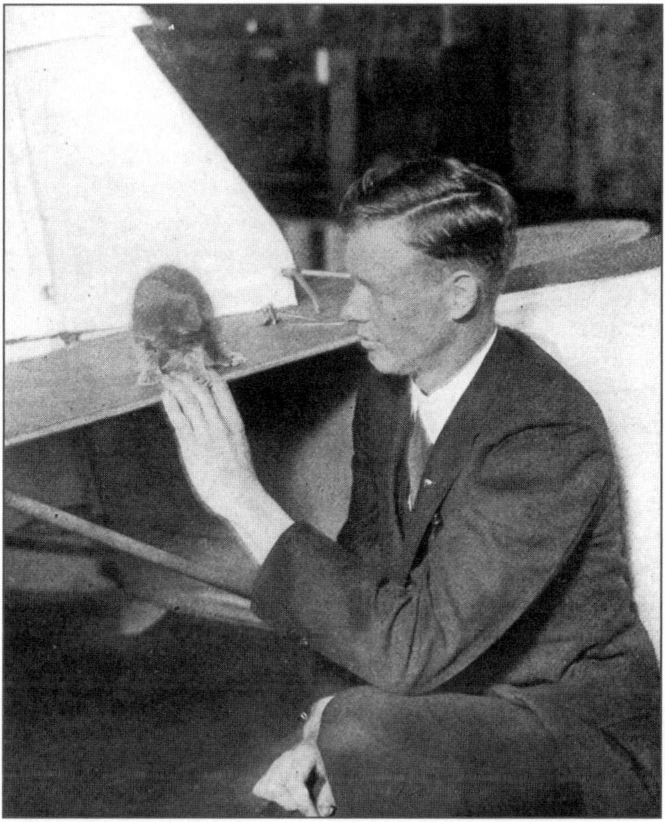

▸ *Curtiss Field, Long Island – Patsy, das Maskottchen der »Spirit of St. Louis«*

Ich rollte zu einem kleinen Haus an der Ecke des Zauns und sicherte dort mein Flugzeug für die Nacht. Dazu stellte ich die Treibstoffzufuhr ab und ließ den Vergaser trocken laufen, um den Motor abzustellen. (Das ist eine Sicherheitsmaßnahme, um zu verhindern, dass die allgegenwärtigen Leute, die meinen, sich unter den Propeller stellen und ihn auf und ab bewegen müssen, zu Opfern der Luftfahrt werden.) Da die Winde in Kansas und Nebraska mir erheblichen Respekt abgenötigt hatten, schob ich die Nase des Flugzeugs zum Zaun, blockierte die Räder und band anschließend die Spitzen der Tragflächen an die Zaunpfähle. Für den Fall, dass es regnete, deckte ich Motor und Cockpit mit einer Plane ab.

Als ich damit fertig war, hatte sich auch schon die übliche Menge der Schaulustigen versammelt, weshalb ich den Rest des hellen Tages damit zubrachte, zu erklären, dass der Kühler ein Loch aufwies, damit die Propellerwelle hindurchpasste; dass die Tragflächen nicht aus Katzendarm, Blech oder Gusseisen bestanden, sondern aus hölzenern Trägern und Spanten mit einer Abdeckung aus Baumwolle oder Leinen, die durch Behandlung mit Lack so fest wie eine Trommel gespannt war; dass die einzige Möglichkeit, das Gefühl beim Fliegen kennenzulernen, darin besteht, es für fünf Dollar auszuprobieren; dass der Verlust einer Tragfläche viel gefährlicher ist als der Ausfall des Motors; usw. Ich beantwortete all die tausend Fragen, die nur bei einer solchen Gelegenheit aufkommen.

Als die Nacht einbrach und man nicht mehr viel sehen konnte, zerstreute sich die Menge und ließ mich mit einer Hand voll kleiner Jungen zurück, die immer bis zuletzt bleiben und nur zum Gehen überredet werden können, indem man ihnen anbietet, das Feld zusammen mit dem Piloten zu verlassen.

Ich nahm die Einladung an, die Nacht in einem kleinen Haus in der Nähe des Feldes zu verbringen.

Am nächsten Morgen bestellte ich telefonisch einen Tankwagen zum Feld. Bis er eintraf, verbrachte ich meine Zeit damit, den Verteilerkopf und die Vergaserdüsen zu reinigen und die Kipphebel des Motors zu ölen.

Während ich arbeitete, kam einer der Einheimischen zu mir und erzählte unaufgefordert, dass er im Krieg als Pilot gedient hatte, seitdem aber nicht mehr geflogen war und »gern mal wieder in die Luft gehen würde«. Ich versicherte ihm, dass es mir eine Freude sei, ihn mitzunehmen, dass Fliegen aber sehr teuer sei und ich nur ein knappes Treibstoffbudget hätte. Wenn er für die Betriebskosten in Höhe von fünf Dollar für einen kurzen Flug aufkäme, so fügte ich hinzu, würde ich ihm jedoch gern den Gefallen tun. Er drückte mir einen Fünf-Dollar-Schein in die Hand, und nach dem Anlassen des Motors schob ich ihn ins Cockpit und rollte durch den Schlamm zur entgegengesetzten Ecke des Feldes. Ich hatte meinen allerersten Passagier!

Das Feld war weich und der Mann schwer. Den Zaun überquerten wir mit nicht mehr als einem Meter Abstand, den nächsten Baum mit anderthalb. Ich flog einen dicht bewachsenen Hang hinauf, der mindestens genauso steil anstieg wie das Flugzeug. Drei Minuten lang kämpften meine Jenny und der Hang um vier bis fünf Meter Höhe. Dann aber setzte das Flugzeug im vertrauten Jenny-Stil über die Hügelspitze hinweg und wir erkämpften uns einen gewissen Sicherheitsabstand. Ich hatte einen jener Beinaheunfälle durchlebt, für die Jennys bekannt waren und die das Wachstum der kommerziellen Fliegerei in der Nachkriegszeit so stark behinderten.

Nach diesem Start hatte mein Passagier einen schönen Flug verdient. Ich blieb mit ihm zwanzig Minuten lang in der Luft und jagte Bussarde. Nach der Landung schwärmte er von dem herrlichen Start und erzählte, wie sehr er es genossen hatte, so dicht über den Baumwipfeln zu fliegen. Erneut versicherte er mir, dass er im Krieg viel geflogen war, und dann eilte er los, um seinen Freunden von seinem allerersten Flug zu berichten.

Der Tankwagen war inzwischen angekommen, und nachdem ich mein Flugzeug versorgt hatte, startete ich erneut und machte mich auf den Weg nach Westen. Ich wusste noch nicht, wo ich den nächsten Zwischenaufenthalt einlegen wollte, sondern wollte mich bei der Auswahl des Landeplatzes von meinem Treibstoffvorrat leiten lassen.

Der Himmel war bewölkt und von vielen lokalen Stürmen aufgewühlt. Ich hatte zwar einen Kompass mitgebracht, aber versäumt, ihn auf dem Instrumentenbrett zu befestigen, sodass er mir nun in meinem Koffer nicht viel nützen konnte. Im Süden der Vereinigten Staaten verlaufen die Grenzen zwischen den Bundesstaaten nicht gerade in Nord-Süd- oder Ost-West-Richtung wie in den nördlichen Landesteilen, sondern biegen und winden sich in jede denkbare Richtung und folgen dabei nicht den Längen- oder Breitengraden, sondern dem natürlichen Geländeverlauf. Ich flog nach einer Karte der gesamten USA, auf der die einzelnen Staaten jeweils ziemlich klein dargestellt waren.

Nach dem Aufbruch von Meridian flog ich querfeldein nach Texas, ohne den Straßen oder Eisenbahnlinien zu folgen. Während der ersten Stunde war ich mir nicht ganz sicher, wo ich mich befand, doch dann überflog ich einen Eisenbahnknotenpunkt, der genau da zu sein schien, wo er sein sollte, sodass ich mir über meine Position wieder im Klaren war. Dann geriet ich wieder über unbewohntes Gelände ohne Anhaltspunkte. Die Stürme wurden immer zahlreicher, die möglichen Landeplätze lagen immer weiter

▲ *Curtiss Field, Long Island – Die Polizei geleitet die »Spirit of St. Louis« zum Start auf die Piste*

auseinander. Am Ende der zweiten Stunde entschloss ich mich, auf dem nächsten möglichen Feld zu landen, um meine Position zu bestimmen und zu tanken. Ich brauchte noch eine weitere halbe Stunde, bis ich einen Platz fand, auf dem ich das Flugzeug halbwegs sicher landen und wieder starten konnte. Nachdem ich das Feld mehrmals umkreist hatte, um sicherzugehen, dass es fest war und keine Hindernisse aufwies, landete ich in einer Ecke, rollte auf abschüssigem Gelände aus und fuhr eine kurze gerade Strecke weiter, bis ich auf der gegenüberliegenden Seite des Feldes auf halber Strecke hangaufwärts stehen blieb.

Ein Sturm näherte sich rasch, weshalb ich mit ziemlich hoher Geschwindigkeit zu der Zaunecke zurückfuhr. Plötzlich sah ich einen Graben direkt vor mir, und einen Augenblick später hörte ich auch schon das Splittern von Holz, als das Fahrwerk absackte und der Propeller den Boden berührte. Das Heck des Flugzeugs schnellte in die Luft, sodass sich die Maschine beinahe überschlagen hätte, kippte dann aber wieder zurück und blieb in einem Winkel von 45° stehen. Meine erste »Bruchlandung«!

Ich kletterte aus dem Cockpit und untersuchte die Maschine. Schaden genommen hatte nur der Propeller. Die Tragflächen und der Rumpf waren mit Schlamm bedeckt, doch an keinem anderen Teil des Flugzeugs gab es irgendwelche Zeichen für eine Beschädigung. Ich war ungefähr zehn Meter östlich meiner Landespur gerollt und hatte dabei einen zugewucherten Graben getroffen. Nur drei Meter weiter, und der Unfall wäre gar nicht erst passiert. Da der Aufprall des Propellers am Boden ringsum zu hören gewesen war und ein Flugzeug in dieser Gegend ein seltener Anblick war, versammelte sich schon bald die übliche Menschenmenge.

Ich erfuhr, dass ich mich etwa in der Mitte zwischen Maben und Mathiston in Mississippi befand. Anstatt nach Westen war ich 125 Meilen nach Norden geflogen.

Als genügend Männer eingetroffen waren, hoben wir das Flugzeug aus dem Graben und schoben es zu einem Kiefernhain, wo ich es an zwei der Bäume festband. Nachdem ich alle lose Ausrüstung an mich genommen hatte, fuhr ich mit einem Geschäftsmann nach Maben. Er hatte von der Landung des Flugzeugs erfahren und daraufhin sofort seinen Laden zugemacht.

Ich schickte Wyche in Americus ein Telegramm, in dem ich ihn bat, mir einen der beiden Propeller zu schicken, die ich vor meinem Aufbruch gekauft hatte. Dann mietete ich ein Zimmer im alten Southern Hotel.

Während ich auf den Propeller wartete, gelang es mir, ein halbes Dutzend Einwohner zu der Zusage zu bewegen, für fünf Dollar pro Person mit mir zu fliegen. Das reichte aus, um die Kosten für den Propeller und meine Ausgaben während der Wartezeit zu bestreiten. Als das Ersatzteil kam, montierte ich es zwischen zwei Regenschauern mit der Hilfe fast der gesamten Einwohnerschaft von Maben und Mathiston auf der Welle. Ich führte einen Testflug durch und verkündete dann, dass ich jetzt bereit sei, Passagiere mitzunehmen, sofern es nicht zu stark regnete.

Als der Propeller kaputt war, hatten sich die Mississippier darum gerissen, mitzufliegen, aber jetzt plötzlich schienen sie einen Höflichkeitswettbewerb auszufechten, in dem jeder versuchte, dem anderen den Vortritt zu lassen. Ich musste viel Psychologie, Diplomatie und Spott anwenden, bis endlich der erste Passagier ins Cockpit kletterte. Ich rollte zum entgegengesetzten Ende des Feldes, wies meinen Passagier an, den Gashebel festzuhalten, damit das Flugzeug nicht von allein startete, und schob das Heck herum, um so viel Platz wie möglich für den Start zu gewinnen.

Der erste Mann äußerte sich so begeistert über seinen Flug, dass die anderen die Manieren, in denen sie sich nur wenige Minuten zuvor geübt hatten, schnell vergaßen und sich darum zu streiten begannen, wer als Nächster an der Reihe war.

An diesem Nachmittag hatte eine Gruppe Weißer lauter Fünfzig-Cent-Stücke zusammengelegt, um einem der Schwarzen einen Ausflug zu spendieren, vorausgesetzt, so sagten sie, ich würde einige wilde Manöver mit ihm fliegen. Der Schwarze, für den sie sich entschieden hatten, war auch willens und unbesorgt, zumindest bis er einsteigen sollte. Selbst dann aber kletterte er tapfer ins Cockpit und versicherte seinem gesamten Klan, dass er während des ganzen Fluges mit seinem roten Halstuch winken würde, um zu zeigen, dass er immer noch keine Angst hatte.

Nachdem wir die Ecke des Feldes erreicht hatten, wies ich ihn wie die vorherigen Passagiere an, den Gashebel festzuhalten, während ich das Heck herumschob. Nachdem ich wieder ins Cockpit geklettert war, sagte ich ihm, dass er loslassen könne, und gab Vollgas, um zu starten. Wir waren etwa 50 m weit gekommen, als ihm plötzlich zu Bewusstsein kam, dass sich das Flugzeug bewegte und der Hebel, den er festhalten sollte, nicht mehr in der bezeichneten Stellung stand. Anscheinend hatte er nur noch diesen Hebel im Kopf, weshalb er ihn mit eisernem Griff packte und wieder in die geschlossene Stellung schob. Wir waren noch nicht weit gekommen, sodass wir noch anhalten konnten, bevor wir das andere Ende des Feldes erreichten. Der ein-

▸ *Curtiss Field, Long Island – Flugkapitän René Fonck wünscht Lindbergh alles Gute*

zige Verlust war die Zeit, die ich brauchte, um über den unebenen Boden wieder zum Startpunkt zurückzufahren. Vor dem zweiten Startversuch gab ich jedoch ausdrückliche Anweisungen bezüglich des Hebels.

Ich hatte zwar versprochen, mit dem Schwarzen einen Stunt-Flug zu machen, war aber nie im Kunstflug unterrichtet worden. Allerdings hatte ich Bahl bei zwei Loopings und einem Spiralsturz begleitet und war von Reese sorgfältig in der Kunst des Loopings unterwiesen worden. Allerdings hatte er vergessen, dass ich keine Hisso Standard flog, die die doppelte Motorleistung meiner Jenny aufwies, und mir daher gesagt, es sei nicht notwendig, vor dem Looping steil abzutauchen. Stattdessen sollte ich mit Vollgas fliegen, bis das Flugzeug Fahrt aufgenommen hatte, und dann die Schleife aus ebener Fluglage heraus beginnen.

Die Jenny stieg auf 1000 m Höhe und ich begann meinen Auftrag zu erfüllen, indem ich Abkippen, Steilspiralen und Sturzflüge vorführte. Als wir zum ersten Mal aus großer Höhe herabfielen, hatte mein Passagier schon den Kopf am Boden des Cockpits, wobei er jedoch mit der einen Hand weiterhin das rote Halstuch schwenkte und sich mit der anderen an allem festhielt, was er in den Griff bekommen konnte, obwohl er von einem Sicherheitsgurt gehalten wurde.

Schließlich erinnerte ich mich an meine theoretischen Anweisungen und flog mit Vollgas einige Augenblicke geradeaus, um die Höchstgeschwindigkeit zu erreichen. Dann zog ich den Steuerknüppel langsam zurück, um den Looping zu beginnen. Wir hatten die Schleife erst zu einem Viertel durchlaufen, als sich die Maschine zu schütteln begann und kurz vor einem Strömungsabriss stand. Der Curtiss-Motor jedoch tat sein Bestes, und erst als die Nase im Winkel von 90° himmelwärts zeigte, ging der Schub verloren, sodass wir einen Augenblick lang in der idealen Stellung, um »Männchen zu machen«, bewegungslos in der Luft hingen. Sofort trat ich in das Ruderpedal, um das Seitenruder ganz nach rechts zu bringen und das Flugzeug damit auf die Seite zu legen, aber es war schon zu spät: Die Steuerung zeigte keine Wirkung mehr.

Der Schwarze war inzwischen zu der Überzeugung gelangt, dass die wilden Manöver zu Ende waren, und streckte seinen Kopf über den Rand des Cockpits, um nach Mutter Erde Ausschau zu halten. In diesem Augenblick rutschen wir zurück. Das Flugzeug nahm Fahrt auf und glitt rückwärts zu Boden. Die Luft biss in das Heckleitwerk, warf es herum, sodass die schwere Nase nach unten kippte und wir in den Sturzflug übergingen. Jetzt hatte ich wieder die volle Kontrolle über die Maschine, aber es flatterte kein rotes Halstuch mehr über dem Cockpit. Ich versuchte noch einen zweiten Looping auf dieselbe Weise, aber kurz bevor ich den toten Punkt erreichte, legte ich das Flugzeug auf eine Tragfläche, um das Durchsacken zu verhindern. Nach diesem zweiten Fehlschlag erkannte ich, dass irgendetwas an meiner Loopingtechnik falsch war, weshalb ich an diesem Nachmittag keinen weiteren Versuch mehr wagte. Trotzdem erschien das rote Halstuch erst dann wieder über der Verkleidung, als wir schon fast wieder am Boden waren.

Ich blieb zwei Wochen lang in Maben und beförderte über sechzig Passagiere für insgesamt um die 300 $. Die Menschen strömten in Scharen aus der ganzen Gegend heran. Einige reisten sogar 30 km mit dem Ochsenkarren an, nur um das Flugzeug fliegen zu sehen.

Einmal kam eine alte schwarze Frau zu mir und sagte: »Boss! Wie viel nimmst du dafür, mich in den Himmel zu bringen und dort zu lassen?«

Ich hätte noch viel mehr Passagiere annehmen können, aber es regnete fast täglich, und jeder Flug hinterließ tiefe Furchen im Feld. Bei der Landung musste ich eine weiche Stelle zwischen zwei Hängen überqueren, und vor dem Start musste ich auf dem Weg zum gegenüberliegenden Ende des Platzes abermals über diese Stelle rollen. In den letzten Tagen musste ich für jede Tragfläche mehrere Männer abstellen, um das Flugzeug durch den Schlamm zum gegenüberliegenden Hügel zu schieben. Ein weiteres Problem bestand darin, dass sich der alte Gummistoßdämpfer, der noch aus dem Krieg übrig war, so stark aufgelöst hatte, dass ich ihn durch Hanfseil ersetzen musste. Das machte die Fahrt über die rauen Teile des Feldes sehr unbequem, vor allem, da der Boden in früheren Jahren gepflügt worden war und jetzt zuwuchern durfte, ohne dass ihn jemand geeggt hätte.

Ich versuchte mehrmals, ein geeignetes Feld in der Nähe zu finden, aber es gab keines, das für meine Zwecke sicher genug war.

Die Landebahn ist für die Sicherheit in der Luftfahrt von entscheidender Bedeutung. Es geht dabei nicht darum, wie klein das Feld sein kann, sodass das Flugzeug dort noch starten und landen kann, sondern wie groß es sein muss, um einen sicheren Betrieb zu gewährleisten.

Große und gut ausgestattete Flughäfen in der Nähe von Städten tragen stark zur Entwicklung der kommerziellen Luftfahrt bei und sorgen dafür, dass die Vereinigten Staaten auf diesem Gebiet an der Spitze bleiben.

Die Städte, die die Zukunft des Luftverkehrs erkennen und geeignete Flughäfen zur Verfügung stellen, werden zu Zentren der Luftfahrtgesellschaften, die von dort aus in alle Richtungen starten.

▲ *Curtiss Field, Long Island – Vorbereitung zum Start. »Das Wetter war ziemlich übel«.*

Beim Aufbau einer Fluglinie gilt das Hauptaugenmerk dem Zustand und der Lage der verschiedenen Landeplätze, auf denen Terminals geplant sind. Wenn der Flughafen klein oder in schlechtem Zustand ist oder wenn die Passagiere fast ebenso viel Zeit benötigen, um aus dem Geschäftsviertel dorthin zu fahren, wie der Flug zum Zielort dauert, dann wird höchstwahrscheinlich eine andere Stadt als Anlaufpunkt ausgewählt.

Der Zustand des Feldes und die Notwendigkeit, den Treibstoff nach heftigen Regenfällen in 20-l-Kanistern drei Kilometer weit über eine Bahnlinie zu schleppen, veranlasste mich dazu, Maben den Rücken zu kehren und eine Menge potenzielle Passagiere zurückzulassen. Eines Morgens startete ich zum letzten Mal von dort und machte mich wieder auf den Weg nach Texas.

3 Ich als Barnstormer

Ich war über hundert Meilen vom Kurs abgekommen und hatte eine kleine Bruchlandung gemacht, doch als ich abreiste, hatte ich 205 $ mehr in der Tasche als bei meiner Ankunft. Damit hatte ich auch die Zuversicht gewonnen, dass ich als Barnstormer mehr erreichen konnte, als nur meine Kosten zu decken.

Die ständigen Regenfälle ließen die Flüsse über die Ufer treten, und nachdem ich Maben verlassen hatte, befand ich mich fast auf dem gesamten Weg nach Lake Village in Arkansas über überflutetem Gelände. Oft reichte das Wasser bei den Farmgebäuden bis zur Fensterreihe im ersten Stock. Wäre ich hier zur Notlandung gezwungen gewesen, hätte sich mein Flugzeug dabei mindestens überschlagen.

Als ich in Maben auf den Propeller wartete, hatte ich den Kompass montiert, sodass ich jetzt keine Schwierigkeiten mehr hatte, den Kurs zu halten.

Nach der Umkreisung von Lake Village landete ich auf einem Feld mehrere Meilen nördlich der Stadt. Das nächste Gebäude war ein Clubhaus, und schon nach kurzer Zeit kamen der Wirt und seine Frau zu meinem Flugzeug und luden mich ein, so lange bei ihnen zu bleiben, wie ich wollte. Allerdings sträubte sich der Wirt hartnäckig dagegen, einen Freiflug als Dank für seine Gastfreundschaft anzunehmen. An diesem Nachmittag nahm ich nur eine Hand voll Passagiere mit. Das Fluggelände in diesem Teil des Landes war ziemlich gut, und es gab eine Reihe von Feldern, die sich als Landeplätze eigneten. Daher war ein Flugzeug hier nicht mehr eine solche Attraktion wie weiter östlich.

▸ *Curtiss Field, Long Island – Kurz vor dem Aufbruch ins große Abenteuer*

Ich machte mein Flugzeug weit früher fest als üblich und ging zu dem Clubhaus.

Der Abend kam mit deutlich sichtbarem Vollmond in einem offenem Himmel. Die Landschaft war in weiches, gelbes Licht getaucht – eine ideale Nacht zum Fliegen! Ich wollte sehen, wie das Land in der Nacht von der Luft aus aussah und bat meinen Wirt im Scherz, mich zu begleiten. Zu meiner Überraschung willigte er ein. Aus irgendeinem Grunde hatte er keine Angst, nachts zu fliegen, obwohl ich ihn tagsüber nicht dazu überreden konnte, mit mir zu starten. Ich weiß bis heute nicht, wie seine Reaktion ausgefallen wäre, wenn er gewusst hätte, dass ich noch nie in der Dunkelheit geflogen war.

Wir banden das Flugzeug los und entfernten die Plane von Motor und Cockpit. Nach einigen Minuten, die der Motor zum Warmlaufen brauchte, rollten wir feldabwärts und starteten zu einem Flug bei Mondlicht den Mississippi entlang und über Lake Village.

Als das Flugzeug später wieder sicher am Boden verankert war und wir gemütlich im Clubhaus saßen, sagte mein Wirt, dass er in seinem Leben niemals eine angenehmere Viertelstunde erlebt habe.

Am nächsten Morgen ging es weiter nach Texas. Ich musste gegen einen starken Westwind ankämpfen, der die Geschwindigkeit meiner Jenny so sehr verringerte, dass ich trotz meines doppelten Treibstoffvorrats in Farmerville, Louisiana landen musste, um nachzutanken. Von dort aus flog ich nach Texarkana weiter und landete dort zwischen den Baumstümpfen, die 1923 den Flugplatz markierten.

Mit starkem Rückenwind verließ ich Texarkana am folgenden Morgen. Nachdem ich das westliche Ende der Ozark-Berge überquert hatte, landete ich in der Nähe eines Dorfes nordöstlich von Oklahoma, wo ich neuen Treibstoff aufnahm und dann nordwärts nach Lincoln in Nebraska aufbrach.

Auf halbem Wege durch Kansas ging mein Treibstoff zur Neige, weshalb ich einen Abhang in der Nähe von Alma zur Landung auswählte. Nach mehreren Tiefflügen, bei denen ich das Feld begutachtete, setzte ich zur Landung an, aber gerade als die Räder den Boden berührten, erkannte ich, dass es mit ziemlich großen Steinen übersät war, die im hohen Gras verborgen lagen. Ich gab wieder Gas, um durchzustarten, aber die Maschine hatte schon zu viel Geschwindigkeit verloren, sodass der Motor keine Wirkung mehr zeigte. Als das Flugzeug aufsetzte, blieb die linke Tragfläche an den Steinen hängen. Die Maschine wurde nach links herumgeschleudert, erlitt dabei aber keine ernsthaften Schäden. Die Kabel des Fahrwerks waren verzogen und etwa ein halber Meter des hinteren Holms an der unteren linken Tragflächenspitze war abgesplittert. Es war jedoch nichts kaputt gegangen, was eine sofortige Reparatur erfordert hätte.

Das Feld war ziemlich weit von Alma entfernt. Um am nächsten Morgen möglichst früh wieder starten zu können, blieb ich die Nacht über beim Flugzeug. Während der heftigen Regenfälle in Maben hatte ich eine Hängematte aus schwerem Segeltuch gebastelt, die ich unter der oberen Tragfläche aufhängen konnte.

Ich befestigte die Enden der Hängematte an den oberen Einfassungen der Streben und kroch in meinen Schlafsack aus zusammengenähten Laken. So verbrachte ich eine geruhsame Nacht.

Als ich am nächsten Tag in Lincoln eintraf, umkreiste ich zunächst das Werk von Lincoln Standard. Nach der Landung auf dem alten Flugplatz im Süden der Stadt wartete ich auf das Auto, das gewöhnlich ausgesandt wurde, um Fliegerbesuch abzuholen.

Den Rest des Tages brachte ich mit »Trockenfliegen« mit meinem Freunden aus dem Werk zu. Wir hatten uns seit sieben Monaten nicht mehr gesehen, weshalb uns der übliche Erfahrungsaustausch ein Bedürfnis war. Ich erfuhr bald, dass sich Bud Gurney selbst einen Fallschirm gebastelt hatte, den er testen wollte, indem er einfach auf 500 oder 600 m steigen und dann aus dem Flugzeug abspringen wollte. Wenn sich der Fallschirm öffnete, war der Test erfolgreich bestanden.

Ich musste viel Überzeugungsarbeit leisten, setzte mich aber schließlich mit dem Vorschlag durch, dass ich ihn mit meinem Flugzeug mitnahm und wir den ersten Test mit einem Sandsack vornahmen.

Die Tanks waren gerade erst wieder gefüllt worden, aber ich setzte grenzenloses Vertrauen in meine Jenny, sodass wir kurzerhand den Fallschirm und den Sandsack auf der rechten Tragfläche festbanden. Bud, der gut 80 kg wog, kletterte in das vordere Cockpit, und wir starteten mit einer Gesamtlast von etwa 300 kg, ganz abgesehen von dem erhöhten Luftwiderstand durch den Fallschirm und den Sandsack, die beide im Luftstrom des Propellers lagen.

Selbst mit dieser Last konnten wir uns sicher von den nächstliegenden Hindernissen freihalten und erreichten schließlich eine Höhe von 60 m. Dann wurden wir von einem absteigenden Luftstrom erfasst, der das Flugzeug bis auf drei

Meter Höhe hinabriss. So sehr ich mich auch bemühte, konnte ich doch keine Höhe mehr gewinnen. Ein bewaldeter Hügel ragte unmittelbar vor uns auf. Um nicht in die Bäume zu rasen, drehte ich das Flugzeug in den Wind. Da aber lag ein Prellbock vor uns, den wir nur um Zentimeter überfliegen konnten. Fünf Minuten lang kurvten wir um Hügel, Bäume und Häuser herum. Ich machte Bud Zeichen, den Sandsack loszuschneiden, aber als er aus dem Cockpit kletterte, um sich ihm zu nähern, brachte der zusätzliche Luftwiderstand das Flugzeug noch tiefer. In diesem Augenblick tauchte vor uns eine Reihe Bäume auf, die viel höher als die bisherigen waren, und ich wusste, dass es nicht möglich war, über sie hinwegzusetzen. Zu diesem Zeitpunkt überflogen wir gerade ein Kornfeld. Ich stellte den Motor ab und landete mit dem Wind. Das Getreide stand so hoch, dass das Flugzeug nicht weiter rollen konnte. Bevor wir wieder starteten, luden wir den Sandsack aus. Da wir jetzt vom Gewicht und dem Luftwiderstand des Sacks befreit waren, hatten wir keine Schwierigkeiten mehr, uns aus dem Kornfeld zu erheben und zum Flugplatz zurückzukehren.

Eine Woche später führte Bud seinen ursprünglichen Plan zum Testen des Fallschirms aus. Er hatte Erfolg.

Bevor ich nach Minnesota weiterflog, unternahmen Bud und ich eine kurze Barnstorming-Tournee durch den Osten von Nebraska. Dieses Gebiet war jedoch schon von anderen Barnstormern abgegrast worden, sodass wir keine guten Geschäfte machten.

An einem Ort wurden wir nach der Landung von einem heftigen Gewitter mit starken Winden überrascht. Es kam so plötzlich, dass wir gerade genug Zeit hatten, das Flugzeug in den Wind zu drehen und den Steuerknüppel festzu-

▶ *»Ich habe das Periskop nicht die ganze Zeit benutzt, sondern konnte aus meinen Fenstern sehen«.*

binden, damit die Ruder nicht hin und her schlugen. Dann traf uns auch schon der Wind. Wir klammerten uns beide an das Heck, damit das Flugzeug nicht davongeweht wurde. Auf den Wind folgte ein heftiger Regenguss, der den Boden mit Wasser bedeckte. Bei jedem Blitz fuhr der Strom in den Spanndrähten des Flugzeugs mit der Intensität eines Startmagneten durch unsere Körper in den Boden.

Bei einem Gewitter verhält sich ein Flugzeug wie ein Teil eines Kondensators, da es durch die Gummireifen und die hölzerne Heckkufe vom Boden isoliert ist. Wenn man auf nassem Boden steht und einen der Drähte berührt, kann man einen heftigen elektrischen Schlag bekommen.

Wir konnten das Flugzeug bei diesem starken Wind nicht loslassen und waren daher gezwungen, die Entladungen auszuhalten. Zum Glück flaute das Gewitter bald ab.

In der Nacht nach unserer Rückkehr nach Lincoln schliefen wir auf dem Flugplatz, sodass ich gleich am Morgen aufbrechen konnte. Bud lag auf der Pritsche eines Ford-Kleinlasters und ich in meiner Hängematte.

Am nächsten Morgen war es bewölkt, und in jeder Richtung konnte ich lokale Regenschauer niedergehen sehen. Ich brach kurz nach Tagesanbruch auf. Nachdem ich durch mehrere Stürme geflogen war, landete ich auf einem Heufeld bei Forest City in Iowa, wo ich das Flugzeug zwischen den Regenfällen überprüfte und mich dann auf die letzte Etappe nach Shakopee in Minnesota machte. Dort wollte ich meinen Vater treffen und ihn auf seiner Wahlkampfreise mitnehmen.

In Shakopee ging gerade ein Platzregen nieder, und während ich abwartete, dass sich der Sturm verzog, sodass ich landen konnte, geriet ich in der Nähe von Savage in einen heftigen Schauer. Einer der Zylinder versagte, und ich umkreiste zur Vorbereitung auf die Landung schon ein Kleefeld, als zwei weitere ausfielen. Mein Flugzeug befand sich in weniger als 60 m Höhe und sank rasch. Ich musste dringend landen, aber zur Auswahl hatte ich nur einen Sumpf und ein Gebiet mit hohen Bäumen. Also entschied ich mich für den Sumpf und nahm das Gas weg. Als die Räder den Boden berührten, rollte das Flugzeug nur etwa sechs Meter weiter, versank dann bis zur Radnabe und begann sich zu überschlagen.

Das Leitwerk befand sich knapp über den Spitzen des Sumpfgrases, als das Flugzeug zum Stillstand kam, nachdem es fast drei Viertel eines Halbkreises durchlaufen hatte. Die Motorhaube und die obere Tragfläche lagen am Boden auf. Ich hing in den Sicherheitsgurten, aber als ich versuchte, den Verschluss mit einer Hand zu öffnen, während ich mich mit der anderen festhielt, um nicht zu fallen, musste ich feststellen, dass er verklemmt war. Nach mehreren vergeblichen Versuchen griff ich auf die beiden Schnallen am Gurtende zurück, um mich aus dem Cockpit zu befreien.

Das alles spielte sich in nicht mehr als zwei oder drei Minuten ab.

Nachdem ich aus dem Cockpit geklettert war, untersuchte ich das Flugzeug sorgfältig. Wiederum gab es nur wenig ernsthafte Schäden. Der Propeller war gerissen und musste ersetzt werden, und auch das Fahrwerk war gebrochen und musste mit einer starken Schnur umwickelt werden. Das Flugzeug war zwar mit Schlamm bespritzt, aber ansonsten in hervorragendem Zustand.

Diesmal ließ sich kein Mensch blicken, weshalb ich mich durch den Sumpf auf den Weg zum nächsten Farmhaus machte. Unterwegs stellte ich fest, dass sich weniger als 100 m von meinem Flugzeug entfernt ein Streifen festen Bodens am Sumpf entlangzog, von dem ich später wieder abheben konnte.

Der Farmer hatte gesehen, dass ein Flugzeug im Regen sein Haus überquert hatte, und befand sich schon auf dem Weg zum Sumpf, als ich ihn traf. Er erklärte mir, dass es unmöglich sei, Pferde durch den Morast zum Flugzeug zu bringen. Wie ich die Maschine wieder auf festen Erdboden bekommen sollte, konnte er mir nicht sagen.

Ich lieh mir von ihm ein Seil, um das Heck wieder in die normale Stellung zu ziehen, und so ausgerüstet machten wir uns erneut auf den Weg zum Sumpf.

▸ *Paris – Begrüßung durch Louis Blériot*

Es stellte sich nun heraus, dass zwei Jungen meine Landung beobachtet hatten. Da ich das Cockpit nicht sofort verlassen hatte, waren sie nach Savage gerannt und hatten dort die Nachricht verbreitet, dass »ein Flieger kopfüber im Sumpf gelandet« sei. Sie erzählten auch, dass sie hingegangen wären und den Hals des Fliegers berührt hätten, und dass er »ganz steif und mausetot« wäre.

Ich war erst wenige Minuten zuvor über das Dorf geflogen, und da die Leute in jenen Tagen alles Mögliche glaubten, wenn es um Flugzeuge ging, sperrte der ganze Ort sofort die Türen ab und kam zum Sumpf gekrochen und gewatet. Die älteren Einwohner folgten der Bahnlinie am Rand des Morastes. Als ich mit dem Farmer und dem Seil zurückkam, hatten sich genügend Dorfbewohner eingefunden, um mein Problem zu lösen, indem sie mein Flugzeug wieder auf festen Boden zogen.

Die Leute waren offensichtlich enttäuscht, da sie den weiten Weg nur aufgrund eines falschen Alarms auf sich genommen hatten, aber sie waren bereit, mir zu helfen, und das Flugzeug aus dem Sumpf zu bergen.

In der nächsten Ausgabe einer der Zeitungen von Minneapolis war der folgende Artikel zu lesen – ein typisches Beispiel für die Kenntnisse der breiten Masse über die Luftfahrt:

Flugzeugabsturz bei Savage

Charles A. Lindbergh, Sohn des ehemaligen Kongressabgeordneten Lindbergh, stürzte an diesem Morgen in der Nähe von Savage, Minnesota, ab. Er befand sich auf 100 m Höhe über dem Boden, als er plötzlich in einen Sturzflug überging und mit dem Propeller im Sumpf aufschlug. Lindbergh sagt, er würde in drei Tagen wieder fliegen.

Es ist kein Wunder, dass der Durchschnittsbürger nach der Lektüre solcher Berichte über belanglose Flugunfälle nicht mehr selbst fliegen wollte, sondern lieber beim Fliegen zusah oder Geschichten über Piloten las, die bei einer Notlandung oder einer technischen Panne um Haaresbreite mit dem Leben davonkamen. Doch selbst in den Nachkriegstagen, in denen inzwischen veraltete Ausrüstung verwendet wurde, gingen fast alle ernsthaften Unfälle nur auf die Unerfahrenheit der Piloten zurück. Damals wurde kein Flugschein verlangt, und es gab auch keinerlei Einschränkungen für die Maschinen, die man in die Luft brachte. Jeder durfte fliegen – oder zu fliegen versuchen – und dabei jeden mitnehmen, der darauf versessen war, mitzukommen.

Als Nächstes forderte ich telegrafisch aus Little Falls den Propeller an, den Wyche aus Americus geschickt hatte. Zwei Tage später schloss ich mich der Wahlkampfreise meines Vaters in Marshall an.

Mein Vater war von Anfang an dagegen gewesen, dass ich Fliegen lernte, und niemals selbst geflogen. Er hatte jedoch zugestimmt, bei der ersten Gelegenheit mit mir in die Luft zu gehen, und eines Nachmittags kletterte er ins Cockpit, woraufhin wir zusammen über Redwood Falls flogen. Seitdem habe ich von ihm nie wieder ein abträgliches Wort über die Fliegerei gehört. Tatsächlich ließ er keine Gelegenheit mehr aus, um mit einem Flugzeug zu reisen.

Nach dem Ende des Wahlkampfes verbrachte ich den Rest des Sommers als Barnstormer in Minnesota, im nördlichen Iowa und im Westen von Wisconsin. Meistens war ich allein, aber einige Wochen lang nahm ich einen Flugschüler mit. Dann ging ich zehn Tage lang zusammen mit meiner Mutter auf Barnstorming-Tournee durch den Süden von

▶ *Mutter und Sohn*

Minnesota. Meine Mutter hatte nie Einwände dagegen gehabt, dass ich fliegen wollte, und nach ihrem ersten Flug in Janesville entwickelte sie sich selbst zu einer Luftfahrtbegeisterten.

Wir waren bis zum Beginn meiner Fliegerkarriere immer zusammengewesen und freuten uns darauf, gemeinsam zu fliegen. Als sich die Gelegenheit ergab, telegrafierte ich ihr daher, sodass wir uns in Janesville treffen konnten.

Meine Mutter genoss das Fliegen von Anfang an und unternahm mit mir eine Reihe von Flügen, unter anderem auch einen Flug zwischen Chicago und St. Louis im Postabteil meiner Maschine.

Es gab einige Wochen, in denen ich kaum meine Ausgaben decken konnte, während ich zu anderen Zeiten täglich Passagiere für fünf Dollar pro Person beförderte. Unter dem Strich konnte ich nicht nur meine Kosten und die Wertminderung ausgleichen, sondern auch einen ziemlich guten Gewinn machen.

Eines Abends, als ich in einem Feld im Süden von Minnesota auf Passagiere wartete, fuhr ein Auto mit mehreren jungen Leuten vor. Einer von ihnen war ein Absolvent der Militärflugschule. Er fragte mich, warum ich mich nicht als Kadett in Brooks Field einschrieb, und erklärte mir, dass ich an den Leiter der Luftfahrtabteilung beim Kriegsministerium in Washington schreiben musste, um die Anmeldeformulare und genaue Angaben über die Ausbildung und die Anforderungen zu erhalten.

Ich hatte schon immer moderne und leistungsstarke Maschinen fliegen wollen. Seit ich während meiner Flugausbildung eine Gruppe von 14 De Havillands mit ihren 400-PS-Liberty-Motoren gesehen hatte, die nach Lincoln gekommen waren, hatte ich den Wunsch, eine solche zu fliegen. Das Militär bot mir die einzige Gelegenheit, denn es gab keine Libertys, die für Barnstorming eingesetzt wurden. Daher schrieb ich noch am selben Abend in meinem Hotel einen Brief an den Leiter der Luftfahrtabteilung, und als ich einige Tage später die Post erhielt, die mir von Minneapolis aus nachgeschickt worden war, befand sich darunter auch ein Brief aus Washington mit den Anmeldeformularen. Ich wurde darüber informiert, dass ich als Kandidat 20 bis maximal 27 Jahre alt, ledig und in guter körperlicher Verfassung sein und einen Highschool-Abschluss oder eine vergleichbare Ausbildung vorweisen musste.

Ich füllte die Formulare aus und sandte sie zurück. Kurze Zeit später erhielt ich eine weitere Nachricht, in der ich angewiesen wurde, mich im Januar 1924 auf dem Flugplatz Chanute Fields in Rantoul, Illinois, einem Musterungskomitee vorzustellen.

Gegen Ende September verlagerte ich meine Arbeit nach Süden. In Minnesota zog kaltes Wetter auf, und nur wenige Leute haben Spaß daran, im Winter in einem offenen Cockpit zu fliegen.

Ich arbeitete mich als Barnstormer nach Wisconsin vor, stellte aber fest, dass dort jemand Passagiere zum halben Preis befördert hatte. Da ich mich stets an die damals gültige Regel der meisten Piloten hielt, für fünf Dollar einen guten Flug anzubieten, aber niemanden für weniger mitzunehmen, verließ ich Süd-Wisconsin und wandte mich nach Illinois. Nach dem Start entschloss ich mich, an dem internationalen Flugzeugrennen in St. Louis teilzunehmen, das gerade ablief. Anstatt also jedes Dorf nach seinem Potenzial für Passagiere auszuloten, flog ich nach St. Louis, bis mir der Sprit ausging, landete, füllte meinen Vorrat bei einem vorbeifahrenden Tankwagen auf, und eilte weiter nach Carlinville in Illinois. Dort nahm ich wiederum Treibstoff auf – und für 25 $ einen Passagier nach St. Louis.

Als wir uns Lambert Field näherten, wo die Veranstaltung abgehalten wurde, lief dort gerade ein Bomberwettbewerb. Ich landete auf einem Hügel östlich von Lambert, um den

Teilnehmern nicht in die Quere zu kommen, und wartete bis zum Abend, bevor ich herüberflog und meine Maschine am Ende der langen Reihe von Zivilflugzeugen festmachte.

Viele meiner alten Freunde nahmen an den Rennen teil, und schon kurz nach der Landung traf ich Bud Gurney, der es fertiggebracht hatte, zusammen mit einem der Lincolner Flugschüler zu der Veranstaltung anzureisen, ohne dafür das Schlafwagenticket selbst zu bezahlen: Er hatte seinen Fallschirm mitgebracht, mit dem er am Wettbewerb für Punktlandungen teilnehmen wollte, und sollte die letzte Attraktion des Fliegertreffens vorführen, nämlich einen Doppelabsprung.

Am Abend, nachdem das Tagesprogramm beendet war, beförderte ich einige Passagiere und sah mir die verschiedenen Arten von Flugzeugen an. Ich hätte gern meinen Gewinn aus der Barnstorming-Saison des Sommers dafür hergegeben, eines der neueren Modelle zu fliegen, und ich war entschlossen, mir meine Chancen als Flugkadett der Armee durch nichts entgehen zu lassen. Das schien mir die einzige Möglichkeit zu sein, Flugzeuge zu fliegen, die auch tatsächlich in den Himmel stiegen, wenn man sie in diese Richtung zog, anstatt weiterhin mit Modellen zu kämpfen, die man über die niedrigen Bäume am Ende des Landeplatzes herüberwünschen musste.

Als ich mich auf den Weg nach St. Louis machte, hatte ich geplant, nach den Rennen weiter nach Süden zu fliegen, aber mit Buds Hilfe verkaufte ich meine Jenny und einige Flugstunden an seinen Freund. Auch Marvin Northrop, der mit einer Standard aus Minneapolis angereist war, hatte seine Maschine inklusive Flugunterricht in St. Louis verkauft. Da er unbedingt sofort nach Hause zurückkehren

▸ *Paris – Paul Painlevé, Französischer Verteidigungsminister begrüßt Lindbergh. Rechts: Botschafter Myron T. Herrick*

musste, übernahm ich es, seinen Flugschüler zu unterrichten, während meiner auf der Jenny lernte.

Ich hatte Bud versprochen, ihn für seinen letzten Sprung mitzunehmen, und gegen Abend am letzten Tag der Veranstaltung verpackte er seine beiden Fallschirme und band sie mit dem einzigen Seil zusammen, das er finden konnte. Es war ziemlich alt, aber wir glaubten, dass es halten würde. Selbst wenn es riss, würde das keine schlimmeren Folgen haben als einen etwas längeren freien Fall, bevor sich der zweite Schirm öffnete.

Ich brachte die alte Jenny auf eine Höhe von 500 m. Als wir die Luvseite des Feldes erreichten, sprang Bud ab. Der erste Schirm öffnete sich sofort, aber die Belastung war für das alte Seil zu groß. Es riss und gab den zweiten Schirm frei, der erst weitere 60 m in die Tiefe stürzte, bevor er sich öffnete.

Rund um den Fallschirm kreisten überall Flugzeuge, die sich in jede mögliche Richtung bewegten, wobei anscheinend keiner den anderen beachtete. Die Luft wurde von den Propellern aufgewühlt, sodass der Fallschirm in der heftigen Strömung hin- und hergerissen wurde. Als Bud am Rand eines Grabens in der Menschenmenge landete, brach er sich einen Arm. Das war der einzige Unfall der ganzen Veranstaltung, bei dem jemand verletzt worden war.

In den nächsten Wochen unterrichtete ich meine beiden Schüler und unternahm eine kurze Barnstorming-Tournee durch Illinois.

4 Auf dem Weg nach Süden

Als der Unterricht abgeschlossen war, flog ich die alte Jenny in den Heimatort meines Schülers in Iowa. Nachdem ich ihm bei einigen Alleinflügen von seinem eigenen Platz aus zugesehen hatte, fuhr ich mit dem Zug nach Lincoln. Als ich meine alte Jenny zum letzten Mal sah, flog sie mitten in der Stadt 60 m über den Bahnhof hinweg. Und dabei hatte ich mich mit der Anweisung verabschiedet, bei Flügen über dem Stadtgebiet immer auf einen sicheren Gleitweg zu achten und unter keinen Umständen tiefer zu gehen als 450 m!

In Lincoln wollte ich eine SVA kaufen, ein zweisitziges italienisches Jagdflugzeug, und damit zurück nach St. Louis fliegen. Als ich jedoch eintraf, erfuhr ich, dass die Maschine auf dem alten Pulitzer Field in der Nähe von Omaha stand und sich in zweifelhaftem Zustand befand. Es hieß, Kühe hätten die Bespannung des Ruders aufgefressen. Kühe und Maultiere sind ganz verrückt nach diesem Stoff, und man hörte oft, dass ein Flugzeug von solchen Tieren innerhalb weniger Minuten komplett bloßgelegt worden sei. Andererseits hatte ich selbst auch schon ein Flugzeug mehrere Tage lang auf Viehweiden zurückgelassen, ohne dass sie es angerührt hatten. Während der beiden Wochen in Maben hatten sich einige Maultiere die Wiese mit meinem Flugzeug geteilt, ohne auch nur in seine Nähe zu kommen.

Wir packten ein neues Ruder und andere Ersatzteile in ein Auto und fuhren am nächsten Morgen nach Omaha.

Die SVA befand sich sogar in einem noch schlechteren Zustand, als mir berichtet worden war. Sie brauchte nicht nur ein neues Ruder: Auch die Steppnähte der Tragflächen hatten sich teilweise gelöst, sodass die Bespannung sehr locker saß. Der Kühler wies eine Reihe von Lecks auf, die jemand mit einem Eimer voll Kleie zu stopfen versucht hatte. Als wir den Motor endlich starten konnten, hatte er ständig Aussetzer und kam nicht über 1100 U/min hinaus.

▸ *Paris – Mit M. Doumerque und Botschafter Herrick*

Wir entschieden uns schließlich, die Maschine nach Lincoln zu fliegen, wo die Bedingungen für eine Reparatur günstiger waren. Ich startete mit stotterndem Motor, dessen Wassertemperatur 5° vor dem Siedepunkt stand. Nach fünf Minuten stand die Nadel bei 115 °C, und nach 15 Minuten platzte der Ausgleichsbehälter. Ich landete auf einem Stoppelfeld und bat einen Farmer, das Flugzeug mit seinem Gespann zu seinem Haus zu ziehen. Dort ließ ich es in einer Zaunecke zerlegen und die Teile per Lastwagen nach Lincoln transportieren.

Den Dezember brachte ich mit Barnstorming in Illinois zu, um im Januar reiste ich nach Chanute Fied für die Musterung als Flugkadett.

Während der Zeit in Lambert Field unternahm ich einmal einen kurzen Flug in die Ausläufer der Ozark-Berge. In meiner Begleitung war Leon Klink, ein Autohändler, der im Herbst eine Canuck gekauft und gerade erst begonnen hatte, fliegen zu lernen. Während ich nach meiner Rückkehr aus Chanute Field auf die Ergebnisse der Musterung wartete, entschieden wir, einen Vergnügungsflug durch den Süden zu unternehmen und uns nach Möglichkeit nur so weit als Barnstormer zu betätigen, wie es nötig war, um unsere Ausgaben zu decken. Klink wollte fliegen lernen und gleichzeitig Urlaub machen, während mein ganzer Ehrgeiz darin bestand, in Übung zu bleiben und bereit zu sein, wenn im März der nächste Kurs in Brooks Field begann – sofern die Musterung zufriedenstellend ausfiel.

Am 23. Januar starteten wir bei –5 °C von Lambert Field und machten uns auf den Weg in den sonnigen Süden.

Unser erster Zwischenstopp war Perryville in Missouri, wo wir mehrere Tage lang einige von Klinks Freunden besuchten und 19 Passagiere beförderten. Nach dem Aufbruch aus Perryville flogen wir nach Hickman in Kentucky, wo wir in einem aufgeweichten Feld östlich der Stadt landeten. Das extrem kalte Wetter hatten wir hinter uns gelassen, und die Räder unseres Flugzeugs versanken mehrere Zoll im Morast des Südens. Wir tankten und versuchten wieder zu starten, doch es war unmöglich, eine ausreichende Geschwindigkeit zu erreichen, um die Räder aus dem Matsch zu heben. Also stieg Klink aus, sodass ich versuchen konnte, das Flugzeug allein zu starten. Beim dritten Versuch nahm das Flugzeug genug Fahrt auf, sodass die Tragflächen einen Teil der Last trugen und die Räder nicht mehr zu tief einsanken. Danach waren nur noch ein, zwei Meter nötig, bis ich mich vom Boden lösen konnte.

Ich wählte ein Heufeld aus, das ein wenig weiter vom Ort entfernt lag und fester zu sein schien als das erste, und landete dort. Inzwischen war es zu spät geworden, um vor der Abenddämmerung noch eine weitere Etappe zu fliegen. Außerdem war auch das neue Feld zu durchweicht, um zu versuchen, Passagiere mitzunehmen, weshalb wir die Canuck an einen Zaun banden und nach Hickman gingen, um dort die Nacht zu verbringen.

Der erste Startversuch am nächsten Morgen war nicht von Erfolg gekrönt, und der zweite ebenfalls nicht. Auf dem weichen Boden konnten wir nur eine Geschwindigkeit von nicht mehr als 10 km/h erreichen. Mit der Hilfe mehrerer Männer, die das Flugzeug an den Tragflächen schoben, gelangten wir schließlich auf eine leichte Anhöhe. Von dort aus konnten wir ohne große Schwierigkeiten starten. Wir machten eine Zwischenlandung in Tennessee, um zu tanken, und in Friars Point, Mississippi, wo wir in einem alten Baumwollfeld landeten und das Flugzeug für die Nacht festbanden.

Die Canuck hatte nur einen Treibstofftank mit einem Fassungsvermögen von 90 l, was für zweieinhalb Flugstunden reichte. Wenn wir eine halbe Stunde für die Suche nach einem Landefeld abzogen, die sich manchmal recht schwierig gestaltete, blieb noch genug Benzin, um etwa 125 Meilen weit zu fliegen, zumindest bei ruhigem Wetter. Mussten wir gegen den Wind ankämpfen, verringerte sich die Reichweite erheblich.

Wir verbrachten die Nacht in der Nähe des Feldes bei einem der Plantagenarbeiter. Am nächsten Tag sahen wir uns die Gegend an und nahmen eine Hand voll Passagiere mit. Mit einer Gruppe der jüngeren Einwohner besuchten wir am Abend ein »Spukhaus«, traten dort aber keinerlei Gespenster an.

Unser nächster Halt war Hollandale, dann flogen wir nach Vicksburg, wo wir sechs Meilen nördlich der Stadt auf einem winzigen Feld landeten, indem wir den Abhang eines Hügels herunterrutschten und uns am Boden drehten, bevor wir gegen einen Baumstumpf stießen. Nachdem wir Vicksburg einen Tag lang besichtigt hatten, flogen wir weiter nach Clinton, wo das Passagiergeschäft sehr gut florierte. Einen weiteren Tag verbrachten wir mit Flügen, in denen wir uns die Gegend ansahen.

Wir tankten in Hattiesburg und Mobile und landeten dann auf dem Marinefliegerstützpunkt in der Nähe von Pensacola in Florida, wo uns der Kommandeur während unseres Besuches jede Gefälligkeit erwies.

▶ *Paris – Menschenmengen am Rathaus beim offiziellen Empfang*

Schließlich erhielt ich vom Kriegsministerium den Bescheid, dass ich die Musterung bestanden hatte, und den Befehl, mich pünktlich zu Beginn des Flugkadettenkurses am 15. März bei Brooks Field im texanischen San Antonio einzufinden.

Klink und ich entschieden, den Besuch in Pensacola abzukürzen und uns so weit nach Westen vorzuarbeiten, wie wir konnten, bis ich nach Brooks Field aufbrechen musste.

Wir hatten einer der Offiziersfrauen einen kurzen Flug versprochen. Am Morgen vor unserem Aufbruch nahm ich die Dame nach einem kurzen Probeflug auf eine Rundreise über Pensacola mit. Kurz nach dem Start von dem Feld, als wir gerade 60 m über der Bucht waren, begann der Motor auf 500 Umdrehungen herunterzugehen. Ich kehrte um und versuchte, das Feld zu erreichen, aber mir fehlten fünf Meter Höhe, weshalb ich gezwungen war, weniger als 30 m vom Flugplatz entfernt in den Dünen niederzugehen. Die erste Erhebung riss das Fahrwerk ab, wobei ein Rad den vorderen Holm der unteren linken Tragfläche einen halben Meter vom Rumpf entfernt durchstieß.

Schon eine flüchtige Untersuchung des Flugzeugs ergab, dass wir neben einem neuen Fahrwerk und einem Propeller auch noch Material brauchten, um den Holm zu flicken.

Die Marine schleppte das Flugzeug in einen ihrer großen Luftschiffhangars und gestattete uns, bei der Reparatur des Schadens ihre Ausrüstung zu nutzen. Wir kauften ein Ersatzfahrwerk und einen Propeller und schienten den gebrochenen Holm mit einem Hilfsrahmen. Nachdem wir alle Verbindungspunkte verleimt hatten, schraubten wir ihn in der richtigen Stellung fest und umwanden die Bruchstelle mit starker Schnur, die dann durch mehrere Lagen Spannlack geschrumpft wurde, sodass sie fest hielt. Dadurch war der Holm jetzt stabiler als vorher.

Wenn wir nicht an dem Flugzeug arbeiteten, sahen wir uns die alten spanischen Festungen an, die die Stadt in der Zeit beschützt hatten, als Florida noch zu Spanien gehörte. Diese Befestigungen sind noch in einem hervorragenden Zustand erhalten und wimmeln von Durchgängen. Angeblich sollte es darunter auch eine unterirdische Verbindung zwischen zwei der Festungen geben, doch obwohl wir sorgfältig nach dem Eingang dieses Tunnels gesucht haben, konnten wir ihn doch nie finden.

Insgesamt brauchten wir eine Woche, um das Flugzeug instand zu setzen. Als es wieder lufttüchtig war, führte ich bei dem Probeflug einen Irving-Fallschirm mit, den ich von einem der Offiziere des Stützpunkts geborgt hatte. Das war der erste professionelle Fallschirm, den ich jemals getragen hatte, und ich genoss das einmalige Gefühl, dass ich mir keine Sorgen darüber machen musste, ob die Maschine während des Probefluges auseinanderbrach oder nicht. Ich veranstaltete mit der Canuck Manöver, die ich sonst in meinen Träumen nicht gewagt hätte, und hatte doch das beruhigende Gefühl absoluter Sicherheit.

Die Entwicklung professioneller Fallschirme brachte die Luftfahrt einen gewaltigen Schritt vorwärts. Dadurch hatten Testpiloten nun eine sichere Rettungsmöglichkeit für die meisten Fälle, in denen alle anderen Maßnahmen versagten. Formationsflüge ließen sich jetzt mit relativer Sicherheit mit viel geringeren Abständen durchführen, und die Flieger konnten ihre Maschinen jetzt viel besser kennenlernen als zuvor. All dies trug dazu bei, die praktischen Kenntnisse über das Fliegen weiter auszubauen, und erst dies hat die Sicherheit des heutigen Luftverkehrs möglich gemacht.

Der Fallschirm entwickelte sich ebenso rasch wie das Flugzeug selbst. Fallschirmabsprünge aus Ballons waren schon seit Jahren durchgeführt worden, aber den ersten Absprung von einem Flugzeug führte Captain Berry 1912 in St. Louis durch. Sein Fallschirm war eine äußerst plumpe Konstruktion, die für Notfälle nicht zu verwenden war. Zehn Jahre später waren die Fallschirme schon zur Praxistauglichkeit vervollkommnet worden. Sie waren jetzt robust genug, um das Gewicht eines fallenden Menschen auszuhalten, und zwar unabhängig davon, wie tief der Mensch schon gestürzt war, bevor der Schirm entfaltet wurde. Heute, fünfzehn Jahre nach Captain Berrys erstem Absprung aus einem Flugzeug, ist jeder Militär- und Luftpostpilot verpflichtet, einen Fallschirm zu tragen.

Nach dem Probeflug befestigten wir an jeder Tragfläche einen 20-l-Benzinkanister und flogen an der Küste des Golfs von Mexiko entlang nach Pascagoula in Mississippi. Der Tank der Canuck hatte einen Riss, der sich bis auf die halbe Höhe herunterzog, und wenn kein Benzindampf mehr aus diesem Riss austrat, wussten wir, dass der Tank halb leer war. Durch die beiden Kanister erhöhten wir unsere Reichweite um eine zusätzliche Stunde. Wenn der Inhalt des Haupttanks zur Neige ging, füllte ich ihn durch einen kurzen Schlauch aus den Kanistern nach. Dadurch konnten wir länger fliegen, bevor wir eine Zwischenlandung einlegen mussten, was die in Pensacola verlorene Zeit wenigstens ein bisschen wieder ausglich.

Von Pascagoula ging es nach New Orleans, wo wir auf einer Rennbahn nördlich der Stadt landeten. Danach flogen wir

▶ *Gäste bei dem von L. Blériot ausgerichteten Mittagessen (v. l. n. r. Paul Painlevé, Charles Lindbergh, L. Blériot, Botschafter Herrick)*

nach Lake Charles und von dort aus nach Rice Field in Houston. Dort montierten wir drei Treibstofftanks unter den oberen Tragflächen und unter dem Mittelabschnitt, was das Fassungsvermögen um weitere 100 l und unsere Reichweite auf insgesamt etwa 400 Meilen erhöhte.

Das Feld war überflutet, und da unser nächster Halt Brooks Field war, nur wenige Meilen südlich von San Antonio, befüllten wir nur die Behälter unter den Tragflächen und den Haupttank und ließen die 20-l-Kanister leer.

In Brooks Field erhielt ich die ausdrückliche Anweisung, mich bis spätestens 15. März zu melden.

Es war gerade Ende Februar, weshalb wir uns entschieden, so weit wie möglich nach Westen vorzudringen, wie die Zeit noch erlaubte. Ich wollte dann per Bahn zurückreisen, während Klink allein weiterflog.

Wir füllten alle unsere Tanks auf. Nach einer Anlaufstrecke von einer halben Meile stiegen wir in die Luft auf, aber nach drei Umkreisungen von Brooks Field war das Flugzeug immer noch nicht höher gekommen als 15 m. Daher landeten wir wieder und ließen den einen der Kanister zurück. Den anderen hielt Klink im hinteren Cockpit auf dem Schoß fest.

Mit dem verringerten Gewicht und vor allem dem erheblich reduzierten Luftwiderstand, der sich noch deutlicher auswirkt, konnten wir jetzt ohne weitere Schwierigkeiten steigen und viele Dutzend Meter Höhe gewinnen. Eine Stunde später jedoch, als wir uns den Bergen näherten und der Boden immer höher anstieg, strichen wir abermals nur noch knapp über die Bäume und Kakteen hinweg. Schließlich musste Klink seinen Kanister über Bord werfen, und ich war gezwungen, einer Schlucht zu folgen, um eine Bodenberührung zu verhindern. Es war schon eine Enttäuschung gewesen, den ersten Kanister in Brooks Field zurückzulassen, aber ich glaube, Klink wird niemals den Anblick des zweiten Kanisters vergessen, der unter uns am Boden zerschellte.

Etwas später gelangten wir an den Fluss West Nueces, den wir allerdings mit dem Rio Grande verwechselten und uns daher nordwärts wandten. Wir hatten zwar Abkürzungen quer über das Land geflogen, waren aber noch nicht lange genug unterwegs, um tatsächlich den Rio Grande zu erreichen. Nach meiner Karte war der Rio Grande jedoch der einzige Fluss, an dessen Nordostufer eine Eisenbahnlinie entlanglief. Also folgten wir dem West Nueces bis nach Camp Wood, wo die Bahngleise enden. Da erkannte ich, dass meine Karte einen Fehler aufwies und wir uns auf dem falschen Kurs befanden. Unser Treibstoff reichte jedoch nicht aus, um die Berge in Richtung Westen zu überqueren, weshalb wir auf einer kleinen Schafweide in der Nähe von Barksdale landeten. Die Wiese war nicht groß genug, um mit beiden Insassen an Bord wieder zu starten, weshalb ich das Flugzeug allein nach Camp Wood herüberflog und dort auf dem Marktplatz landete. Wenn der Wind aus der richtigen Richtung wehte und ich unter zwei Telefonleitungen und über eine Straße hinwegfuhr, bot der Markplatz eine Startbahn von ausreichender Länge.

Am nächsten Tag herrschten ideale Abflugbedingungen, aber Klink wollte am Abend zu einer Tanzveranstaltung gehen, und am Tag darauf kam der Wind aus der falschen Richtung. Die Zeit, die uns noch blieb, verging rasch, doch wir wollten unbedingt noch Kalifornien erreichen, bevor ich nach Brooks Field zurückkehren musste. Falls es uns gelingen sollte, das Flugzeug zu einem größeren Feld zu bringen, das sechs Meilen südlich von Camp Wood lag, so hätten wir genügend Platz, um mit der vollen Benzinlast zu starten.

Eine der Straßen im Ort war breit genug, um zu starten, sofern ich die Tragflächen mit ihrer Spannweite von 13 m zwischen zwei Telefonmasten hindurchmanövrieren konnte, die 14 m weit auseinander standen, und sofern es mir gelang, durch die wenigen Äste hindurchzukommen, die weiter hinten über die Straße hingen. Nachdem wir das Flugzeug in die Mitte der Straße geschoben hatten, wagte ich einen Startversuch. Die Telefonmasten ragten nur 15 m entfernt auf, und kurz bevor ich sie passierte, kam ich auf ein holpriges Stück Straße. Eines der Räder verfing sich in einer Spurrinne, wodurch ich eine Handbreit zu weit nach rechts geriet und die Spitze der rechten Tragfläche den Mast berührte. Die Maschine wurde herumgewirbelt, durchbrach mit der Spitze die Wand einer Eisenwarenhandlung und schleuderte Töpfe, Pfannen und Mistgabeln umher.

Der Kaufmann befürchtete, ein Erdbeben wäre im Gange, und rannte zusammen mit seinem Sohn auf die Straße. Als er sah, dass ein Flugzeug zur Hälfte in seinem Laden steckte, war er erleichtert. Er wollte nicht nur keine Entschädigungszahlung annehmen, sondern ließ nicht einmal zu, dass wir die Mauer ausbesserten. Der Reklamewert, so verkündete er, sei viel höher als der Schaden.

Die schwerste Beschädigung des Flugzeugs war der zerbrochene Propeller, allerdings war das Ruder später immer ein wenig linkslastig. Telegrafisch forderten wir einen neuen Propeller und eine Dose Spannlack aus Houston an, und schon nach wenigen Tagen setzten wir auf dem Weg nach Westen wieder in vertrauter Canuck-Manier im Tiefflug über die Bergspitzen hinweg.

Eine Canuck – oder JN-4C – ist nichts anderes als eine kanadische Jenny. Sie ist zwar leichter und etwas leistungs-

▸ *Paris – Mit Botschafter Herrick auf den Stufen der Botschaft, kurz nach der Ankunft in Paris*

fähiger als ihr Pendant, teilt mit ihm aber die Eigenheit, fast alles, über das man hinwegfliegt, nur knapp zu verfehlen.

Wir überquerten den Rio Grande, nahmen eine Abkürzung über einen Winkel von Mexiko und landeten schließlich auf dem Notfallflugplatz der Armee in Pumpville. Dort überredeten wir den zuständigen Offizier, uns genügend Treibstoff zu verkaufen, um unseren Flug fortzusetzen.

In der Nähe von Maxon in Texas holte uns die Abenddämmerung ein, weshalb wir westlich des Ortes zwischen Kakteen und Yuccastauden landeten. Die Ansiedlung bestand nur aus einem Verwaltungsgebäude und drei alten Güterwagen der Art, in der überall im Südwesten die mexikanischen Plantagenarbeiter untergebracht waren.

Der Verwalter lebte allein. Er sollte in Kürze abgelöst und an einen dichter bevölkerten Standort versetzt werden. Wir verbrachten die Nacht bei ihm und räumten am Morgen die Startbahn frei. Maxon lag weit über Meereshöhe, weshalb die Luft dünner war und ein Flugzeug eine längere Strecke zum Abheben benötigt. Im Osten ragte ein kleiner Berg auf, und im Westen stieg das Land an. Bis Mittag waren wir damit beschäftigt, Beifußsträucher und Kakteen abzuschneiden. Eine leichte Brise wehte aus Westen, und die Luft war heiß und turbulent. Nachdem die Canuck drei Viertel der Piste ausgenutzt hatte, stieg sie einen guten Meter in die Luft, kam dann aber nicht mehr höher, und als das Ende der Startbahn erreicht war, rasierten die Tragflächen und das Fahrwerk über das Gestrüpp. Sobald wir ein bisschen mehr Fluggeschwindigkeit erreicht hatten, bremste ein weiterer Busch die Maschine wieder, und nach etwa 200 m durchschlug eine große Yuccapflanze den vorderen Holm der unteren linken Tragfläche. Die inneren Befestigungsdrähte schnitten das Blatt ab, sodass es in der Mitte des äußeren Spanten stecken blieb. Wir landeten sofort und stellten fest, dass das Flugzeug bis auf eine 35 cm breite Lücke im Holm und eine Reihe von Rissen in der Tragflächenbespannung unbeschädigt war.

Der Lokomotivführer eines vorbeifahrenden Güterzuges hatte unsere Notlandung beobachtet und hielt kurz an, sodass Klink an Bord klettern konnte. Wir einigten uns darauf, dass er Klink zum nächsten Ort mitnehmen solle, an dem er Material für die Reparatur bekommen konnte, während ich beim Flugzeug zurückblieb. Wir waren 50 km vom nächsten Laden entfernt, und da der Verwalter an diesem Tag zu seiner neuen Stellung aufbrach, marschierte ich zweieinhalb Kilometer zur nächsten Ranch, wo ich Unterkunft bekam, bis wir wieder weiterfliegen konnten.

Klink musste bis nach El Paso fahren, bevor er Spannlack und Tragflächentuch fand. Inzwischen verbrachte ich den Tag bei meinem Flugzeug und einen großen Teil der Nacht damit, den Hunden des Ranchers auf der Jagd nach Wildkatzen und Pumas zu folgen. In der vorhergehenden Nacht, als wir im Verwaltungsgebäude übernachteten, hatten sie eine große Katze auf einen Baum gescheucht, allerdings brachten sie es nicht fertig, dieses Kunststück zu meiner Unterhaltung erneut zu vollziehen. Nachdem ich den Hunden mehrere Stunden lang gefolgt war, hatte ich nicht mehr erlebt, als einen von ihnen aus einem Zaun zu befreien, in dem er sich beim Überspringen verheddert hatte.

Klink kehrte mit farbigem Spannlack, Lattenholz, Nägeln und Schrauben, einer Dose Leim, einigen Rollen Schnur und ausreichend Bespannstoff zurück, um die zerrissene Tragflächenverkleidung zu ersetzen. Von dem Rancher liehen wir uns ein Schlachtermesser, Nadel und Faden sowie eine Axt, und dann machten wir uns daran, die Canuck wieder flugtüchtig zu machen. Wir hackten das Lattenholz grob in die passende Größe, schnitten es mit einem alten Sägeblatt aus unserer Werkzeugkiste auf die richtige Länge zu und gaben ihm mit dem Schlachtermesser den letzten Schliff. In kurzer Zeit hatten wir eine ähnliche Holmschiene gebastelt wie in Pensacola, die diesmal allerdings weiter vom Rumpf entfernt lag.

Der Spannlack reichte gerade für die reparierte Bruchstelle aus, weshalb wir die Bespannung auf dem äußeren Sprossenwerk unbehandelt ließen. Wir nähten die langen Risse zu, die die Beifußsträucher verursacht hatten, und entschlossen uns dann, mit der Canuck nach San Antonio zurückzukehren, um dort die Reparaturen zu vollenden. Klink wollte danach allein nach Kalifornien weiterfliegen.

5 Die Ausbildung beginnt

Am 15. März 1924 traf ich in Brooks Field ein, aber als Flugkadett wurde ich erst am 19. März eingeschrieben. Normalerweise melden sich die Anwärter bei dem Stützpunkt, der ihrem Heimatort am nächsten liegt, sodass sie einen kostenlosen Transport von dort zum Dienstort und wieder zurück erhalten. Da ich mich direkt in Brooks gemeldet hatte, hatte ich keinerlei Anspruch auf Reisekostenerstattung – außer vielleicht für das Busgeld nach Kelly, wo ich ein Jahr später meinen Abschluss machte.

Es waren 104 Teilnehmer aus fast allen Bundesstaaten und sie brachten die Kadettenbaracken zum Überquellen. Hinter jedem Fenster standen zwei Feldbetten, und einige von uns wurden sogar in der Turnhalle untergebracht. Wir alle waren ein sorgloser Haufen und freuten uns auf ein Jahr wundervoller Erlebnisse, nach dem wir unsere Offizierspatente und Schwingen erhalten sollten. Fast alle von uns waren überzeugt davon, dass sie den Abschluss im nächsten Jahr schaffen würden. Schließlich hatten wir bereits eine strenge körperliche und geistige Einstellungsuntersuchung hinter uns, bei der viele Kandidaten durchgefallen waren. Wir zweifelten nicht daran, dass wir fliegen konnten, obwohl nur die wenigsten von uns jemals geflogen waren. Allerdings hatten wir alle keine Vorstellung vom Leben eines Flugkadetten.

Die Absolventen des letzten Kurses warteten auf den Transport zur weiterführenden Flugschule in Kelly, und kaum, dass wir uns wenige Stunden in der Kaserne aufhielten, machten schon Geschichten die Runde, die wir in Unterhaltungen mit unseren Vorgängern aufgeschnappt hatten.

Die älteren Kadetten mit ihren sechs Monaten Erfahrung ließen fremdartige Begriffe wie »Säuberungskommission«, »Ausdünnen«, »theoretischer Unterricht«, »Acht-Stunden-Übung«, »Eins-Acht-Null«, »Checkpiloten«, »Wände mit Ohren«, »Kadettenkodex« und viele andere auf uns herabprasseln. Einer behauptete, dass weniger als 40% von uns die Grundausbildung in Brooks schaffen und dass ungefähr die Hälfte davon in Kelly »aussortiert« würden.

Beim Bettenappell an diesem Abend fühlten wir alle bereits die Erwartung, die vom ersten Tag in Brooks bis zur Verleihung des Pilotenabzeichens in Kelly zum Leben eines Flugkadetten gehört.

Die eigentliche Flugausbildung sollte am 1. April beginnen. Zwei Wochen vergingen mit Formalitäten und mit der Einweisung in die grundlegenden Pflichten eines Kadetten. In diesen beiden Wochen wurden wir im Lazarett gegen Typhus und Pocken geimpft, erhielten eine rudimentäre Einführung in den Verhaltenskodex für Kadetten und mussten Kasernendienst verrichten und Wache schieben. Jeden Tag

▸ *Madison, Wisconsin. – Ausbilder und Kadetten einer Militärschule im mittleren Westen*

gab es Appelle sowie Unterricht und Prüfungen in fünf Fächern. In unserer Freizeit durften wir uns außerhalb der Anlage umsehen und mit dem Bus nach San Antonio fahren, vorausgesetzt, wir waren sonntags bis freitags spätestens um 22 Uhr im Bett. An allen anderen Tagen durften wir so lange aufbleiben, wie wir wollten.

Wenn wir am Nachmittag etwas Freizeit hatten, versuchten wir gewöhnlich, von einem der Ausbilder einen kleinen Flug zu ergattern.

Eines Morgens wurde uns dann gestattet, die Übungsflugzeuge aus den Hangars zu holen und zur Startlinie zu schieben – wo sie dann von den älteren Kadetten geflogen wurden. Aber nachdem acht stämmige Rekruten das 75 kg schwere Heck einer Maschine nach oben gewuchtet und sie dabei zum Überschlagen gebracht hatten, wurden wir dazu abgestellt, die Wasserstoffflaschen für einen Ballonaufstieg zu schleppen.

Als sich der erste April näherte, sahen wir dem Beginn des eigentlichen Flugunterrichts mit freudiger Erwartung entgegen. Darin mischte sich aber die Angst vor den Ergebnissen unserer Prüfungen, denn es reichte aus, zwei davon nicht zu bestehen, um der »Aussortierung« zum Opfer zu fallen.

Die Flugausbildung wurde von zwei verschiedenen Abschnitten des Platzes aus durchgeführt. Ich wurde Abschnitt B zugewiesen, der sich fast einen Kilometer von der Kaserne entfernt befand. Jedem Ausbilder waren etwa sechs Kadetten zugeteilt. So begann am ersten Tag des April in den frühen Morgenstunden unser Unterricht. Ich gehörte zusammen mit fünf anderen Kadetten zur Gruppe von Sergeant Winston. Wir schoben sein Ausbildungsflugzeug aus dem Hangar zum Start. Sergeant Winston pickte sich einen von uns heraus, komplimentierte ihn ins hintere Cockpit und flog los. Wir anderen trotteten zum Abschnitt B, wobei wir nach den Taranteln auf dem Weg Ausschau halten mussten.

1924 wurde immer noch die Curtiss Jenny als Übungsflugzeug der Armee verwendet, wobei die 90-PS-Motoren vom Typ Curitss OX-5 durch Hispano-Suizas-Motoren mit 150 PS ersetzt worden waren. Alle moderneren Ausbildungsflugzeuge befanden sich noch im Experimentierstadium. Die Jennys waren im Krieg konstruiert worden und nun veraltet, aber wahrscheinlich wird nie ein besseres Ausbildungsflugzeug gebaut werden, auch wenn die neuesten Typen natürlich zweifellos sicherer sind. Die Jennys waren untermotorisiert und knifflig zu handhaben, und bei einer harten Landung nahmen sie beträchtlichen Schaden. Wer aber als Kadett auf einer solchen Maschine fliegen gelernt hatte, konnte anschließend praktisch alles, was Flügel hatte, mit ausreichender Sicherheit durch die Luft bewegen.

Bei der Zuweisung meines Ausbilders hatte ich das große Los gezogen. Sergeant Winston war mit seinen 3300 Flugstunden Rekordhalter der Armee. Er war ein hervorragender Pilot und wusste genau, wie er jemandem etwas beibringen konnte, wenn er wollte. Als ich an die Reihe kam, fragte er mich, wie viel Flugerfahrung ich schon hatte. Als ich 325 Stunden angab, übergab er mir die Steuerung und befahl mir, das Flugzeug umzudrehen und zu landen. Es bereitete mir Schwierigkeiten, mit der rechten Hand zu fliegen. Die Flugzeuge aus dem Krieg, an die ich gewöhnt war, wurden mit der linken Hand geflogen, aber nach Kriegsende wurde entschieden, den Gashebel auf die rechte Seite zu verlegen, da dies der natürlichen Handhabung entgegenkam. Nach drei Landungen jedoch kletterte Sergeant Winston aus dem Cockpit und wies mich an, dreißig Minuten lang allein herumzufliegen und zu versuchen, mich an das Fliegen mit der rechten Hand zu gewöhnen.

Wenn wir nicht selbst flogen, versammelten wir uns an der Baracke, um den Fortschritt unserer Kameraden zu beobachten und um zu lernen, wie man sich aufstellen muss, um den Propeller zum Anlassen des Motors anzuwerfen, ohne Gefahr zu laufen, bei einer Rückwärtsdrehung getroffen zu werden. Für einen Piloten ist der Propeller das gefährlichste Bauteil des Flugzeugs und bietet daher den größten Anlass zur Sorge, wenn die Maschine am Boden ist und Schaulustige darin wetteifern, wer sich bei laufendem Motor am nächsten an das wirbelnde Blatt herantraut. Außerdem gibt es gewöhnlich immer einen Kampf darum, wer den Propeller als Erster auf und ab bewegen kann, nachdem er aufgehört hat, sich zu drehen.

Bevor ein Kadett zum Alleinflug zugelassen wird, erhält er gewöhnlich zehn Stunden Flugunterricht im Cockpit in Begleitung des Ausbilders. Dabei startet der Ausbilder die Maschine und erlaubt dem Schüler nach einigen Minuten, sich an der Steuerung zu schaffen zu machen, um ein ungefähres Gefühl für den Betrag und die Richtung der Bewegungen zu gewinnen, die für sanfte Kurven und Kehren erforderlich sind. Dann hebt der Ausbilder seine Hände für den Schüler gut sichtbar in die Luft, was das Signal dafür ist, dass er die Steuerung des Flugzeugs vollständig übergeben hat. Dabei macht der Kadett plötzlich die Erfahrung, dass es beim Fliegen nicht damit getan ist, den Steuerknüppel vor und zurück zu ziehen, um zu starten bzw. zu landen, sondern dass eine instinktive und genau abgestimmte Betätigung aller Steuerelemente notwendig ist, nur um die Maschine auf geradem Kurs zu halten.

Nachdem der Pilot die Steuerung übergeben hat, bleibt die Maschine einige Augenblicke lang auf Kurs, aber dann beginnt die Nase zu kippen, eine Tragfläche neigt sich, und ein heftiger Luftstrom bläst von einer Seite ins Cockpit hinein. Alle sorgfältig gelernten Lektionen sind plötzlich vergessen, und alle Steuerungselemente scheinen jetzt nur noch dazu zu taugen, den festen Erdboden noch weiter von seiner angestammten Position zu verschieben. Die ganze Zeit über ruhen die Hände des Ausbilders auf der Verkleidung. Dem Schüler wird bewusst, dass es an ihm liegt, das Flugzeug irgendwie wieder in eine normale Fluglage zu bekommen, wobei es ihm jedoch nicht eine Sekunde lang einfällt, dass der Ausbilder den Steuerknüppel genauso gut mit den

▸ *London – Begrüßung in Croyden Field vor einer begeisterten Menge von fast einer halben Million*

Knien betätigen kann wie mit der Hand und dadurch vielleicht schon mehrere Male verhindert hat, dass die Maschine ins Trudeln kommt.

Nachdem der Schüler auf diese Weise mehrere Minuten lang im Himmel herumhopsen durfte, bringt der Pilot das Flugzeug wieder in die richtige Lage, zieht es dann mit gedrosseltem Motor in die Höhe, bis die Strömung abreißt, und brüllt dem Kadetten dann seine Anweisungen entgegen. Der Schüler jedoch ist viel mehr damit beschäftigt, den näherkommenden Boden anzustarren, als auf den Ausbilder zu hören. Nach 45 Minuten kehrt das Flugzeug zurück und landet neben der Baracke, wo der nächste Kadett, mit Helm und Schutzbrille, darauf wartet, dass er an der Reihe ist. Der erste klettert aus dem Cockpit und nimmt seinen Platz auf der Bank ein, die das Gebäude umgibt, und schon ist das Flugzeug wieder verschwunden, um die Vorstellung zu wiederholen.

Ein Kadett, der nach zehn Stunden noch nicht zu einem Alleinflug fähig ist, steht in ernster Gefahr, als Flieger abgelehnt und aus dem Kurs geworfen zu werden. Glaubt der Ausbilder jedoch, dass nur wenig Zeit erforderlich ist, um ihn weit genug zu bringen, und hat der Schüler Anzeichen dafür erkennen lassen, dass er sich zu einem Militärpiloten mausern könnte, wird die Ausbildung im Cockpit noch um drei oder vier Stunden verlängert.

Wenn ein Ausbilder in Brooks zu dem Schluss kam, dass einer seiner Schüler die Kunst des Fliegens niemals schnell genug meistern würde, um mit seiner Klasse Schritt zu halten, ließ er den Betreffenden einen Prüfungsflug mit dem Kommandanten durchführen. Letzterer war immer ein Pilot mit langjähriger Erfahrung. Nur wenige Kadetten bestanden diese Prüfungen. Wenn der Kommandant der Meinung war, ein Kadett sei falsch beurteilt worden, so hatte er das Recht, ihn wieder fliegen zu lassen, um weiteren Unterricht zu erhalten. Waren der Kommandant und der

Ausbilder unterschiedlicher Meinung, wo wurde der Kadett im Hauptquartier einem endgültigen Test durch den leitenden Prüfungspiloten unterzogen. Die Entscheidung dieses Offiziers war unanfechtbar, und dass ein Kadett nach einem Flug mit ihm wieder zum Unterricht zugelassen wurde, markierte ein seltenes Ereignis in der Geschichte der Schule. Fiel der Kadett bei diesem letzten Prüfungsflug durch, musste er vor einem Offiziersgremium vorstellig werden, das als »Säuberungskommission« bekannt war. Falls er wegen schlechten Betragens oder Mängeln bei den theoretischen Kenntnissen dorthin zitiert wurde, bestand noch eine winzige Chance, das Komitee milde zu stimmen, zeigte er sich jedoch unfähig, zu fliegen, dann war das »Aussortieren« beschlossene Sache.

Dieses »Aussortieren« rückte in greifbare Nähe, als wir kurz vor der Phase der Alleinflüge standen und unsere Prüfungsarbeiten zurückerhielten. Ich hatte das Glück, diese Prüfungen zu bestehen, und dank meiner vorherigen Flugerfahrungen musste ich mir während des erstens Teils unserer Ausbildung auch keine anderen Sorgen machen.

Der Aussortierung anheimzufallen, war keine Schande, sondern bedeutete in der Mehrzahl der Fälle nur, dass der Betreffende kein besonderes Talent zum Fliegen hatte. Er wurde zu dem Stützpunkt zurückgeschickt, an dem er angemustert hatte, und erhielt dort eine ehrenhafte Entlassung sowie den guten Rat, sich irgendeinen anderen Lebensunterhalt zu suchen.

Unsere »Säuberungskommission« trat etwa einen Monat nach Kursbeginn zum ersten Mal zusammen und danach mehr oder weniger regelmäßig, bis wir die Grundausbildung hinter uns hatten und nach Kelly versetzt wurden, wo wir eine Einweisung in die Maschinen erhielten, die beim Militär verwendet wurden.

Durch die Aussortierung ging die Überfüllung der Kasernen zurück. Es war kein ungewöhnlicher Anblick, wenn Kameraden an allen Seiten ihre Sachen packten und fröhlich in alle Windesrichtungen aufbrachen. In jenen Unterkünften, in denen die »Säuberungskommission« die Axt besonders heftig geschwungen hatte, stand schließlich nur noch ein Feldbett, wo es früher acht gewesen waren. Es gab auch eine Baracke, deren sämtliche Bewohner der Aussortierung zum Opfer fielen, sodass sie leer blieb. Wir wussten nie, wer als Nächster an der Reihe war. Alles, was wir tun konnten, war, uns beim Fliegen so gut wie möglich anzustellen und im Unterricht umso eifriger zu lernen, während wir auf die nächste Liste der »Ausgedünnten« warteten, die fast wöchentlich am schwarzen Brett angeschlagen wurde. Das Kadettenleben war im vollen Gange, und damit ging auch eine ständige Besorgnis einher.

Neben den Herausforderungen und Sorgen hatten wir aber auch immer die Faszination des Fliegens sowie das unbezahlbare Ziel vor Augen, unseren Abschluss zu machen und zum Flugdienst zugelassen zu werden. Denjenigen von uns, die das harte Training und die Disziplin einer Flugschule der US Army ein Jahr lang überstanden, winkte zum Lohn das Pilotenabzeichen.

Es gab immer etwas Neues, auf das wir uns freuen konnten: der Beginn des eigentlichen Flugunterrichts, der erste Alleinflug, die Unterweisung in Kunstflug und besonderen Flugmanövern, der Übergang von den Jennys auf schnellere und wendigere Maschinen und schließlich die Versetzung nach Kelly, der Alma Mater der Heeresflieger.

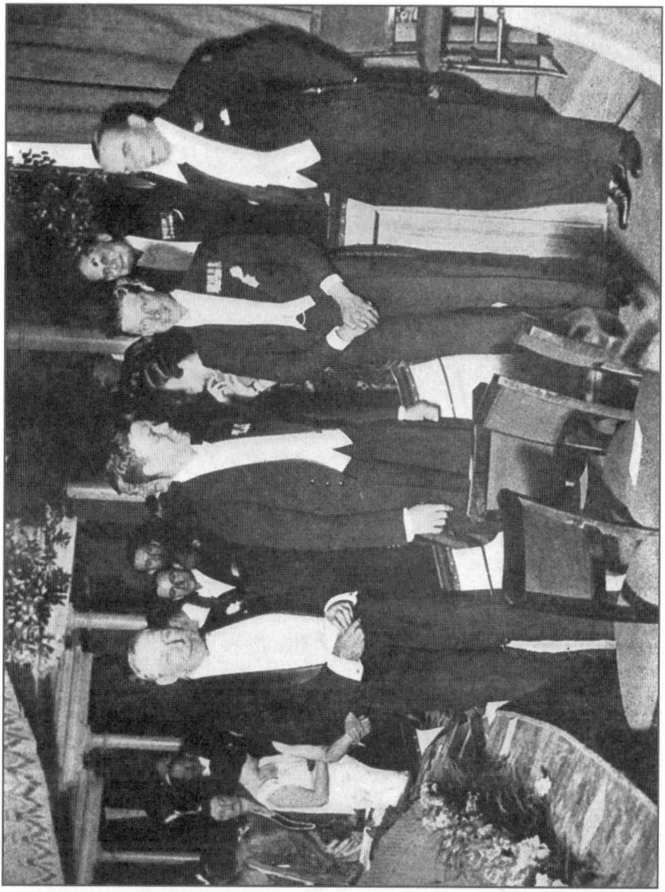

▸ *London – Mit dem Prinz von Wales und Lord Lonsdale (links) in der königlichen Loge der Derby Hall*

Der Heeresflugdienst war ein anspruchsvoller Ausbilder. Es gab keine Günstlingswirtschaft, und selbst die besten Beziehungen konnten einen Kadetten nicht vor dem Rauswurf bewahren, wenn er beim Fliegen erfolglos blieb. Infolgedessen machte nur ein kleiner Prozentsatz derjenigen, die in Brooks Field angetreten waren, seinen Abschluss in Kelly. Von den 104 Teilnehmern unseres Kurses beendeten nur 33 die Grundausbildung, und nur 18 erhielten das Pilotenabzeichen. Das klingt ungewöhnlich niedrig, aber dank der strengen Anforderungen und der sorgfältigen Ausbildung gehört unsere Armeekorpsschule heute zu den besten der Welt. Sie weist eine extrem geringe Quote an Todesfällen auf. Nur ein Mann aus unserem Kurs wurde ernsthaft verletzt.

Die wahrscheinlich aufregendste Phase unserer Flugausbildung war die Zeit, in der wir mit den Alleinflügen begannen. Der Ausbilder kletterte aus dem Cockpit und knotete ein weißes Taschentuch ans Ruder. Dies war ein Warnsignal dafür, dass das Flugzeug wahrscheinlich außer Kontrolle geraten würde. Anschließend gab der Ausbilder dem Schüler das Zeichen zum Start. Manchmal hob das Flugzeug tatsächlich sauber ab, umkreiste den Platz und landete danach auch wieder vergleichsweise ruhig. In anderen Fällen dagegen hüpfte die Maschine bei der Landung mehrmals, sodass ein zweiter oder gar ein dritter Versuch erforderlich waren, bis die Räder endlich länger als einen Sekundenbruchteil am Boden blieben. Bei einem Vorfall begann der Kadett nach mehreren fruchtlosen Versuchen, den Landeplatz zu umkreisen. Offensichtlich glaubte er, die Chancen für seine nächste Landung dadurch erhöhen zu können, dass er wartete, bis ihm der Sprit ausging. Sein Ausbilder stand auf dem Feld und versuchte, ihn mit Flaggensignalen zur Landung zu bewegen, hatte damit aber keinen Erfolg. Eine halbe Stunde lang sahen wir aufmerksam zu und warteten auf erste Anzeichen dafür, dass der Treibstoff zur Neige ging. Wir hofften, dass der Vorrat nicht mehr länger halten würde, da die Vormittags-Flugstunden fast vorüber waren und wir alle darauf warteten, dass unser Kamerad endlich landete. Nach dieser halben Stunde jedoch hatte er wieder genug Mut und Vertrauen geschöpft, um einen letzten Versuch zu landen, bei dem er dann auch tatsächlich mehr Glück hatte als zuvor.

Nachdem wir die Alleinflüge mehr oder weniger erfolgreich abgeschlossen hatten, wurde die Flugstunde in zwei Abschnitte zu je 45 Minuten aufgeteilt. In der einen Hälfte der Zeit saß der Ausbilder mit in der Maschine, die andere war dem Alleinflug gewidmet.

Der Ausbilder versuchte, die Ecken und Kanten des Flugstils seiner Schüler abzuschleifen und ihm die Techniken für neue Manöver vorzuführen. Anschließend bekam der Kadett, die Gelegenheit, allein zu starten und diese Manöver selbst auszuprobieren.

Eine der ersten Lektionen widmete sich der »Drei-Sechs-Null« – einer Art Landeübung mit Vollkreis, so genannt, da das Flugzeug dabei um 360° gedreht wird. Dazu startet der Kadett und steigt auf 250 m bis 300 m auf. Je höher er kommt, umso einfacher hat er es, das Manöver komplett durchzuführen. Nun fliegt er direkt über der T-förmigen Landemarkierung im Mittelpunkt des Platzes direkt in den Wind, drosselt den Motor und zieht die Maschine – je nach vorheriger Anweisung – in Schräglage nach rechts oder links. Das Ziel besteht darin, einen vollständigen Kreis zu durchfliegen und ohne Motorhilfe zu landen, wobei das Flugzeug neben dem T zum Stehen kommen soll.

Die nächste Herausforderung bildete die »Eins-Acht-Null«, eine Umkehrkurve nach dem Start, mit simuliertem Motorausfall. Dieses Manöver war wahrscheinlich die häufigste

Ursache für Abstürze von allen. Es begann auf dieselbe Weise wie die Drei-Sechs-Null, allerdings bewegte sich das Flugzeug dabei mit dem Wind und nur in einer Höhe von 150 m. Das erforderte eine rasche Handhabung der Steuerung und eine Kurve mit steiler Schräglage, um zu landen.

Danach kamen Kunstflugfiguren an die Reihe: Loopings, Trudeln, Fassrollen, Immelmanns, Lazy Eights, Chandelles und Abschwünge, die jeder Kadett in Brooks zu beherrschen lernen musste.

Nach den ersten Wochen hatten wir uns mehr oder weniger an das Leben als Kadetten gewöhnt und fanden hin und wieder ein wenig Zeit, um uns in der Gegend umzusehen oder sogar einen Abend in San Antonio zu verbringen. Prüfungen wurden absichtlich am Samstagmorgen abgehalten, damit wir das Wochenende nicht mit Büffeln zubrachten. Es war bekannt, dass zu intensives Lernen die Flugleistungen eines Schülers beeinträchtigte, weshalb der Stundenplan entsprechend eingerichtet worden war.

Unser Tag begann mit dem Weckruf um 5.45 Uhr, die Flugstunden nahmen um 7 Uhr ihren Anfang. Um 11 Uhr kehrten wir zur Kaserne zurück. Die Zeit bis 17 Uhr war der Ausbildung am Boden gewidmet. Nach dem Abendessen konnten wir bis zum Zapfenstreich um 22 Uhr lernen. Für einen Pilotenschüler ist ausreichender Schlaf eine Notwendigkeit, und dieser Tatsache wird nirgendwo mehr Rechnung getragen als in den Heeresschulen. An Wochentagen prüfte der Kadett vom Wachdienst um 22 Uhr alle Kojen und meldete die Namen derjenigen, deren Bett leer war. Einige unserer theoretischen Fächer wie Aerodynamik oder Maschinengewehrkunde verschlangen fast unsere gesamte freie Zeit, da sich die Prüfungen näherten, während

▲ *London – Menschengedränge nach der Landung der »Spirit of St. Louis«. Einige Souvenirjäger rissen Teile der Tragflächenbespannung ab.*

andere relativ einfach waren, sodass der Unterricht im Klassenraum ausreichte. Wenn wir nicht lernten, gab es immer genug andere Dinge, die unsere ganze Aufmerksamkeit in Anspruch nahmen. Wenn einer der Kameraden seinen Posten verließ, was häufiger vorkam, fand er bei seiner Rückkehr seine Habseligkeiten oft in der Mitte des Flures zu einem Haufen aufgetürmt vor, gekrönt von seinem Feldbett. Es passierte auch mehrmals, dass ein Kadett um Mitternacht zurückkehrte und feststellen musste, dass seine Ausrüstung fein säuberlich auf dem Dach oder in der Kantine aufgebaut worden war. Eine weitere unserer Lieblingsbeschäftigungen bestand darin, Kameraden mit tiefem Schlaf um zwei Uhr nachts einen Wasserschlauch ins Bett zu schieben oder jemandem, der mit offenem Mund schlief, Rasierschaum oder Pomade einzuflößen.

Nachdem einer meiner Kameraden einen Skorpion in seinem Bett gefunden hatte, durchsuchte er danach eine Woche lang jeden Abend seine Koje, aber schließlich wurde er nachlässig und versäumte die Kontrolle. Prompt schob ihm sein Bettennachbar eine Hand voll Grashüpfer am Fußende unter die Laken.

An einem anderen Abend wurde gemeldet, dass drei Iltisse in einen Abzugskanal vor dem Kasernengebäude gekrochen wären. Eine Stunde lang versuchten wir, sie auszuräuchern. Da das nicht klappte, riefen wir die Feuerwehr und ließen die Tiere herausschwemmen. Es zeigte sich, dass das Räuchern jedoch erfolgreich gewesen war, denn schließlich trieben drei tote Iltisse aus dem Kanal. Damit stellte sich uns die Frage, wie wir diese Gelegenheit nutzen konnten. Das Problem bedurfte sorgfältigster Überlegung. Nach einer genauen Untersuchung der Kaserne stellten wir fest, dass sich unser Stabsfeldwebel in San Antonio befand. Es gab kaum einen von uns, der nicht ein Hühnchen mit ihm zu rupfen gehabt hätte, weshalb wir eines der Kopfkissen auf seinem Bett von seinem Bezug befreiten und es hinter einen der Iltisse legten. Den gewünschten Effekt erzielten wir dadurch, dass wir auf das Hinterteil des toten Tiers traten. Nachdem wir das Kissen vorsichtig wieder in seinen Bezug gesteckt hatten, legten wir es zurück auf die Koje des Feldwebels. Das Ergebnis übertraf unsere Erwartungen bei weitem. Ein Insasse der Baracke nach dem anderen erhob sich und trug sein Feldbett nach draußen. Als unser Feldwebel um Mitternacht zurückkehrte, waren nur noch etwa ein halbes Dutzend Betten übrig, unter anderem sein eigenes. Zu diesem Zeitpunkt hatte der Duft bereits das gesamte Bettzeug durchdrungen, sodass er nicht mehr in der Lage war, das Kopfkissen als Hauptquelle ausfindig zu machen. Die nächsten zwei Wochen lang waren der Feldwebel und sein Feldbett hinter die Baracke verbannt, und die für den nächsten Morgen angesetzte Inspektion der Unterkünfte wurde auf unbestimmte Zeit verschoben.

Während der letzten sechs Wochen in Brooks wurde das Leben leichter. Die meisten von uns hatten die Flüge mit den Prüfpiloten und das »Säuberungskomitee« überstanden und konnten dem Abschluss daher vertrauensvoll entgegensehen. Der Unterricht war noch so anspruchsvoll wie immer, aber wir konnten den Stoff viel besser aufnehmen. Außerdem hatten wir unsere ersten Flugprüfungen bestanden und unternahmen Überlandflüge mit TW3-Maschinen. Wir lernten Formationsflüge in Voughts und verbrachten zur Vorbereitung der Fortgeschrittenenausbildung in Kelly einige wenige Stunden in De Havillands.

Für die Überlandflüge wurden wir in Zweiergruppen aufgeteilt. Einer von uns flog auf dem Hinweg, während der andere als Beobachter diente, und auf dem Rückweg tauschten wir die Rollen, sodass wir beide gleich viel Erfahrungen sowohl als Pilot als auch als Beobachter machen konnten. Diese Reisen führten gewöhnlich über einen Dreieckskurs, wobei Landungen an allen drei Eckpunkten zum Programm gehörten.

Als wir auf unserer ersten Tour außerhalb unseres Heimatflughafens in dem vorgesehenen Feld neben der Straße landeten, kam gerade ein Lastwagen voller Wassermelonen vorbei, weshalb wir einige davon in unserem Flugzeug mit zu unserem Stützpunkt nahmen.

Es gab ständig neue Erfahrungen zu machen, und immer war etwas Interessantes im Gange, sodass die Zeit in Brooks und Kelly zu den unvergesslichen Erlebnissen in einem Fliegerleben zählt. Die Ausbildung ist streng und schwer, aber es gibt nichts Besseres. Ein Kadett, der in eine der texanischen Flugschulen eintritt, muss bereit sein, alle anderen Interessen hintanzustellen, und er muss in den nächsten zwölf Monaten seine ganze Kraft und Energie einem einzigen Ziel widmen. Aber wenn er ein Jahr später in Kelly sein Pilotenabzeichen erhält, hat er die befriedigende Gewissheit, eine der besten Flugschulen der Welt absolviert zu haben.

6 Das Pilotenabzeichen

Im September 1924 wurden wir nach Kelly versetzt, ein Ereignis, auf das wir seit unserer Ankunft nun schon ein halbes Jahr gewartet hatten. Das Stadium, in dem wir uns die Grundlagen des Fliegens angeeignet hatten, lag hinter uns. Eine neue Erfahrung wartete: Jetzt lernten wir, wie wir unsere Flugkenntnisse im tatsächlichen Einsatz anwenden sollten. Wir kurvten nicht mehr mit Maschinen über den Flugplatz, deren einzige Daseinsberechtigung darin bestand, dass sie die raue Behandlung durch unerfahrene Piloten aushielten. Stattdessen nutzten wir Flugzeuge, die im Krieg einen tatsächlichen militärischen Wert hatten.

Wir waren nun alte Hasen und stolz auf unsere immensen Erfahrungen. Man behandelte uns nicht mehr wie Rekruten, sondern wie angehende Offiziere. Bevor wir Brooks verließen, gestatteten wir den Teilnehmern des nächsten Kurses nach der althergebrachten Kadettentradition, sich um uns zu scharen und unseren ominösen Geschichten über Untersuchungen, Prüfpiloten, Säuberungskommissionen und das Aussortieren zu lauschen. Wir genossen den tiefen Eindruck, den wir mit unseren 75 Stunden Flugerfahrung auf die Neuen machten.

In Kelly stürzten sich die Schwierigkeiten der Ausbildung gleich mit neuem Elan auf uns. Die De Havillands verhielten sich nicht wie die Schulungs-Jennys. Wir mussten auf eine Weise fliegen, wie wir es noch nie zuvor getan hatten. Wenn ein Kadett bei einem Manöver, das als Standard

▸ *London – »In Croydon Field entkam ich auf die Spitze des Beobachtungsturms und blickte über die Menge.«*

galt, nicht in der Lage war, seine Maschine in den Griff zu bekommen, trat er gewöhnlich innerhalb einer Woche die Heimreise an.

Man ließ uns einige Tage Zeit, uns an einen neuen Flugzeugtyp zu gewöhnen, aber danach flog ein Ausbilder mit, um unseren Fortschritt zu überprüfen. Wenn diese Begutachtung zur Zufriedenheit ausfielt, konnte der Kadett mit der nächsten Aufgabe weitermachen. Wenn nicht, musste er sich einem Prüfungsflug unterziehen.

Nach den Landungen kamen die Achten an die Reihe. Dazu wurden zwei Geländemarken bezeichnet, z.B. ein Baum und ein Heuhaufen, die viele Dutzend Meter auseinander lagen und um die die Kadetten Achten fliegen mussten. Danach ging es mit Ziellandungen weiter: Auf 300 m Höhe nahmen wir das Gas weg und mussten ohne Motorhilfe in einem großen, weißen Kreis landen. Bei dieser Aufgabe wurden der Start, der Steigflug, der Anflug, die Landung, das Ausrollen, die Entfernung von der Markierung und die Handhabung des Flugzeugs bewertet. In Kelly wurden wir ständig kritisch beobachtet. Entspannen konnten wir uns beim Fliegen nur, wenn der Himmel bewölkt war und wir über die Wolkendecke gelangten.

Eines Tages flog ich bei niedriger Wolkendecke und schlechter Sicht, was eine ideale Gelegenheit war, die Dinge zu tun, die wir eigentlich nicht tun sollten. Ich raste im Tiefflug über das Land, als ich plötzlich eine andere De Havilland sah, die zu meiner Rechten herumspielte. Ich setzte über sie hinweg, und nachdem wir eine Weile miteinander Katz und Maus gespielt hatten, gingen wir dazu über, Chandelles, Messerflug, Lazy Eights und sämtliche anderen Figuren zu fliegen, die uns in den Sinn kamen – und das alles nur wenige Meter über dem Boden, da die Wolken keine hundert Meter hoch hingen. Schließlich ging ich näher an die andere Maschine heran, um ein bisschen Formationsflug zu üben, doch dabei sah ich, dass in dem Cockpit zwei Männer saßen. Ich hatte sämtliche geltenden Regeln gebrochen, während mir von dem anderen Flugzeug aus ein Ausbilder zusah! Mit Vollgas gab ich Fersengeld, und die nächsten Tage verbrachte ich in der ständigen Erwartung, vor den Kommandanten zitiert und rausgeworfen zu werden. Der Ausbilder muss jedoch ein echter Sportsmann gewesen sein, denn ich habe nie von ihm gehört und weiß auch bis heute nicht, wer es gewesen ist.

Bei einer anderen Gelegenheit, schon gegen Ende des Kurses, kam ich dem Rauswurf tatsächlich sehr nahe – und das für etwas, von dem ich nicht einmal etwas wusste! Ich hatte in einer Ecke von Kelly Field Landungen mit einer SE5 geübt. Nachdem meine Zeit abgelaufen war, landete ich im Jagdflug-Abschnitt, rollte zur Linie und übergab die Maschine den Wartungstechnikern. An diesem Tag wurde ich mitten im Unterricht zum Kommandanten beordert. Er informierte mich darüber, dass meine Zeit als Flugschüler beendet sei und dass sich jede weiteren Erklärungen erübrigen würden, da ich ja schließlich genau wüsste, was der Grund sei. Danach wurde ich wieder zum Unterricht zurückgeschickt.

Das kam aus heiterem Himmel. Ich wusste, dass ich mir einige Schnitzer geleistet hatte, aber nicht zu dieser Zeit. Tatsächlich hatte ich keine Ahnung, wovon der Kommandant überhaupt redete.

Als der Unterricht vorbei war, kehrte ich zur Kommandobaracke zurück und verlangte einen Bericht über meinen vermeintlichen Fehltritt. Es stellte sich heraus, dass der

Propeller meiner SE5 einen Riss hatte und die Spreizleiste des Fahrwerks gebrochen war. Der Leiter der Wartungsmannschaft hatte das gemeldet und hinzugefügt, dass am Fahrwerk Maisstängel hingen. Da in Kelly Fields kein Mais hing, war es klar, dass ich außerhalb des Flugplatzes gelandet war, ohne das zu melden. Das war ein Vergehen, das zum Rauswurf reichte. Wir fuhren zum Jagdflieger-Abschnitt und fanden die Maschine tatsächlich in dem beschriebenen Zustand vor, allerdings mit einem Unterschied: die Maisstängel stellten sich in Wirklichkeit als Unkräuter heraus. Man kam zu dem Schluss, dass der Schaden durch einen Absteckpflock in der Ecke von Kelly Field verursacht worden war, in der ich gelandet war. Allerdings hatte ich nicht gespürt, dass die Maschine irgendwo angestoßen war. Der Kadett, der vor mir mit dem Flugzeug unterwegs gewesen war, hatte denselben Teil des Feldes genutzt, und er sagte aus, er hätte bei einem Start einen Stoß gespürt, aber nicht geglaubt, dass die Maschine dabei Schaden genommen hätte. Der kleine Schaden selbst zog keine Konsequenzen nach sich, und wer ihn verursacht hatte, spielte keine Rolle mehr, da schließlich keine unerlaubte Landung außerhalb des Flugplatzes stattgefunden hatte. Ich war ganz knapp der Säuberungskommission entkommen, und das wegen eines Vergehens, das ich nicht begangen hatte. Wahrscheinlich hatte ich es nur der Aufgeschlossenheit und dem Gerechtigkeitssinn des Kommandanten zu verdanken, dass ich dem Rauswurf entging.

Zu Beginn unserer Zeit in Kelly entschied jemand eines Tages, dass die Kadetten zum Morgenappell antreten sollten. Wie es dazu gekommen war und wer diese Idee aufgebracht hatte, bekam unsere Abteilung nie heraus, aber es kursierte das beharrliche Gerücht, unser geliebter Stabsfeldwebel hätte den Vorfall mit den Iltissen nicht vergessen. Es war eine unerhörte Sache, dass die Kadetten in Kelly in Reih und Glied antreten sollten. Diese Behandlung hatten wir mit der Versetzung aus Brooks hinter uns gelassen, und der Gedanke daran, in unserem jetzigen höheren Status damit weiterzumachen, untergrub die Moral der ganzen Abteilung.

▸ *Die USS »Memphis«, das Flagschiff mit dem der Autor nach Amerika zurückfuhr.*

Als unser Stabsfeldwebel uns laut vorschwärmte, wie er uns beim Weckruf aus den Betten werfen würde, wenn wir nicht beim ersten Triller seiner Pfeife auf den Beinen wären, entschieden wir daher, dass wir mit der ganzen Kraft unserer Abteilung dafür sorgen mussten, dass dieser erste Weckruf am nächsten Morgen niemals zu hören sein durfte. Einem Befehl durften wir uns natürlich nicht widersetzen. Der Drill bei der Armee vertreibt selbst den entferntesten Gedanken an ein solches Verhalten. Wir konnten jedoch zu verhindern versuchen, dass dieser Befehl gegeben wurde. Der Hauptmann und der Stabsfeldwebel teilten sich einen Raum, während der Rest von uns auf Feldbetten in den Baracken schlief. Während des Abendessens verstellte jemand den Wecker des Feldwebels so, dass er erst eine Stunde nach der vorgesehenen Zeit losging. Außerdem sicherten wir um 2 Uhr nachts den äußeren Riegel seiner Tür mit einem Vorhängeschloss. Als einige Stunden später der erste Weckruf erklingen sollte, schlief die ganze Kadettenabteilung tief und fest weiter.

Nach den Punktlandungen ging es mit den Hürden weiter. Dabei muss der Pilot das Flugzeug ohne Motorhilfe herunterbringen, knapp über eine in 2,5 m Höhe gespannte Leine hinwegsetzen und dann so nah wie möglich an der Hürde landen. Das war eine ausgezeichnete Übung, um hinter dem Zaun eines kleinen Feldes zu landen.

Zu den Traditionen in Kelly gehörte es, dass jeder, der eine Hürde mitnahm, dem Rest eine Schachtel Süßigkeiten spendieren musste. Es kam häufig war, dass sich ein Pilot so sehr darauf konzentrierte, über die Leine hinwegzusetzen, dass er einen drohenden Strömungsabriss nicht bemerkte. Wenn er die Hürde dann glücklich genommen hatte, sackte die Maschine ihm dann weg und platschte wie ein Pfannkuchen zu Boden. Bei fast jedem Kurs kam es zu ein oder zwei kleineren Bruchlandungen aufgrund von Strömungsabrissen beim Überfliegen der Hürdenleine.

Die De Havillands galten nicht als sicher genug, um damit schwere Kunststücke durchzuführen, weshalb wir damit nur Lazy Eights und Abschwünge fliegen durften. Auch Sturzflüge mit mehr als 150 Knoten waren verboten. Bevor unsere Ausbildung im Formationsflug begann, enthielt der Lehrplan daher nur die Aufgaben, die dazu beitrugen, uns gründlich mit unseren Maschinen vertraut zu machen.

Einen der spannendsten Teile unserer Ausbildung bildeten die Landungen in unbekanntem Gelände. Ein Ausbilder führte ein Geschwader Flugzeuge an und ließ uns auf einem Feld landen, das wir nie zuvor gesehen hatten. Anschließend musste jeder Kadett dort landen und wieder starten. Obwohl einige dieser Felder klein und mit Hindernissen übersät waren, gab es nur wenige kleinere Schäden. Später bekam jeder Kadett die Gelegenheit, den Rest der Gruppe anzuführen und ein Feld zur Landung auszuwählen, während der Ausbilder das Schlusslicht bildete.

In Kelly führten wir häufigere und längere Überlandflüge durch als in Brooks. Das gehört zu den wichtigsten Teilen der Flugausbildung. Wir unternahmen Ausflüge nach Corpus Christi, Galveston, Laredo und viele andere Orte.

Jede Klasse musste zwei Wochen Geschützausbildung in Ellington Field zwischen Houston und Galveston absolvieren. Dabei handelte es sich um einen der wenigen Doppelflugplätze, die während des Krieges gebaut worden waren. Danach wurde er jedoch aufgegeben und war jetzt bis auf ein Geschwader der Nationalgarde verlassen.

Wir richteten unsere Messe im Kasinogebäude ein und machten es uns in dem alten Haus, das als Offiziersquartier gedient hatte, so gemütlich wie möglich. Es war Winter, und das Wetter war für Texas ungewöhnlich kalt. Da es keine Öfen gab, konstruierten wir allerlei Provisorien, um ein kleines Feuer zu entzünden. Als wir nichts Besseres finden konnten, schaufelten wir einige Zentimeter hoch Erde auf den Fußboden und bastelten eine Art Abzugshaube, die über Blechrohre mit dem Kamin verbunden wurde. Natürlich durften wir diese Feuerstellen nicht unbeaufsichtigt lassen. Es war daher erforderlich, sie morgens zu löschen und abends nach dem Ende des Flugbetriebs wieder zu entzünden.

Die Geschützausbildung erfolgte in drei Abschnitten: Bodenziele, Schattenziele und nachgeschleppte Ziele. Die Bodenziele waren riesige Bögen Papier ähnlich denen, die auch auf Gewehrschießständen verwendet werden, und wurden am Boden angewinkelt aufgestellt. Wir schossen darauf mit den Browning- und Lewis-Maschinengewehren unserer Flugzeuge.

Die Browning-Kanonen auf einer De Havilland sind starr vor dem Piloten montiert und so mit dem Motor abgestimmt, dass sie zwischen den Propellerblättern hindurchschießen. Je nach Motordrehzahl ließen sich damit bis zu 1200 Schuss pro Minute erreichen.

Mehrere von uns bildeten mit ihren Flugzeugen einen großen Kreis und stießen dann einer nach dem anderen aus 300 m Höhe herab, um kurze Salven in die Ziele am Boden zu feuern. Danach zogen wir die Maschine wieder hoch, reihten uns in den Kreis ein und ließen den nächsten in die Tiefe vorstoßen. Jeder Maschine war dabei ein eigenes Ziel zugewiesen.

Nachdem wir die Brownings leergeschossen hatten, gaben wir unseren Beobachtern mit ihren Lewis-Gewehren eine Chance, indem wir die Ziele im Tiefflug umkreisten. Beim nächsten Flug tauschten Pilot und Beobachter die Rollen.

▸ *Washington, D.C. – Lindbergh geht die Gangway der USS »Memphis« herunter, gefolgt von seiner Mutter*

Lewis-Maschinengewehre werden drehbar am hinteren Cockpit befestigt – gewöhnlich paarweise – und lassen sich in jede Richtung schwenken.

Nach einigen Tagen der Bodenzielübungen wurden wir über Trinity Bay geschickt, um uns dort den Schattenzielen zuzuwenden. Dabei fliegt eine Maschine ziemlich hoch über dem Wasser, während die andere auf den entstehenden Schatten schießt. Die Spritzer der Einschläge waren gut zu sehen und ließen die Treffsicherheit genau ablesen.

Am schwierigsten von allem waren die nachgeschleppten Ziele. Sie erforderten eine geschickte Führung des Flugzeugs und hervorragende Treffsicherheit. Dabei wurde ein Tuch in der Art einer Windfahne viele Dutzend Meter hinter einer De Havilland hergezogen, die sich mit 60 oder 65 Knoten bewegte.

Bei der Verwendung der vorderen Geschütze, also der Brownings, näherte sich das Flugzeug dem nachgeschleppten Ziel genau von vorn und schoss dann beim Passieren ein oder zwei Salven ab. Dadurch bestand keine Gefahr, dass die Insassen des Schleppflugzeugs versehentlich getroffen wurden. Die De Havillands waren viel zu groß, um die Frontgeschütze wirkungsvoll gegen ein nachgeschlepptes Ziel einsetzen zu können. Für genaues Zielen war es erforderlich, dass das Jagdflugzeug unmittelbar reagierte.

Die Lewis-Geschütze wurden eingesetzt, wenn wir parallel zum Ziel flogen, und sie erwiesen sich als äußerst wirkungsvoll. Wenn wir nahe genug heran waren, konnten wir oft genau sehen, wie die Leuchtspurmunition den Stoff durchschlug.

Nach der Rückkehr aus Ellington Field erhielten wir jeweils einige Unterrichtsstunden in den verschiedenen Typen von Militärflugzeugen: Aufklärer vom Typ MB3 und SE5, Martin-Bomber mit zwei Liberty-Motoren, zweisitzige TW5-Zubringerflugzeuge und kleine Sperry-Kuriermaschinen. Dadurch sammelten wir Erfahrungen auf allen Aufgabengebieten: Jagd, Angriff, Beobachtung und Bombardierung. Später konnten wir auswählen, worin wir uns spezialisieren wollten. Wenn unsere Wünsche mit der Beurteilung unserer Ausbildung übereinstimmten, wurden wir dem entsprechenden Truppenteil zugewiesen.

Zusammen mit drei anderen Kadetten und vier Offiziersanwärtern wurde ich zum Jagdflieger-Geschwader versetzt, wo ich die letzten Wochen des Kurses absolvierte und dabei SE5- und einsitzige MB3-Maschinen flog.

Die Tätigkeit als Jagdflieger enthält Elemente praktisch aller Abteilungen des Fliegerkorps. Neben Geschwader- und Einzelkämpfen und Bodenbeschuss werden oft auch Aufklärungsflüge und leichte Bombardierungen verlangt.

Viel Zeit wurde dem Formationsflug gewidmet. Luftkämpfe werden sich in der Zukunft wahrscheinlich eher zwischen großen Geschwadern als zwischen einzelnen Piloten abspielen, weshalb es daher für Jagdflieger von äußerster Wichtigkeit ist, seinen Platz in der Formation instinktiv einzuhalten, sodass er seine ganze Aufmerksamkeit dem Feind schenken kann anstatt seinem eigenen Geschwader.

Wir flogen unsere Manöver häufig mit einem Abstand von weniger als drei Metern zwischen den Maschinen, und Sturzflüge über mehrere hundert Meter bei eng geschlossener Formation waren nichts Ungewöhnliches.

Wir lernten Abwehrkreise, Steilkurven und andere Taktiken des Formationsflugs. So seltsam es klingen mag, so gab es doch trotz unserer häufig eng geschlossenen Formation nur sehr wenige Unfälle. Ein Pilot ist stets wachsam, wenn er sich wenig von der vorausfliegenden Maschine entfernt befindet, und er lässt sich in dieser Aufmerksamkeit durch nichts ablenken. Bei größeren Abständen dagegen lassen sich Piloten eher dazu verführen, sich eine Zigarette anzuzünden oder ein Objekt am Boden zu beobachten, anstatt auf die Formation zu achten.

Beim Jagdflug setzten wir großes Vertrauen in unsere Fallschirme. Unsere Flugzeuge hielten wir in hervorragendem Zustand, und keines versagte jemals, obwohl wir sie jeder nur vorstellbaren Belastung unterzogen. Die Gewissheit, dass wir uns keine Sorgen um unser Leben machen mussten, wenn die Maschinen auseinanderbrechen sollten, war jedoch für unsere Moral von unschätzbarem Wert. Unsere Formationen wurden enger, die Kämpfe rasanter und unsere Geschicklichkeit damit immer besser.

Es gab eine Reihe von Beinahekollisionen, aber angesichts der Vielzahl unserer Flüge und der Tatsache, dass es sich ausnahmslos um militärische Missionen handelte, die niemals das Sicherheitsniveau der kommerziellen Luftfahrt erreichen konnten, hatten wir bemerkenswert wenige Unfälle. Keiner davon hatte einen tragischen Ausgang.

Niemand kennt die Risiken, die er eingeht, besser als ein Jagdpilot, und niemand schert sich weniger darum. Jedes Manöver, auch wenn es mit der Geschwindigkeit eines geölten Blitzes abläuft, wird mit einer Seelenruhe ausgeführt, die der Erfahrung und der Liebe zum Fliegen entspringt. Das Heeresfliegerkorps besteht aus Männern, die fliegen, weil sie das Fliegen lieben. Ihr einziges Ziel im Leben besteht darin, zum besten Fliegerkorps der Welt zu gehören, und ihr größter Wunsch ist es, diese Gelegenheit ohne Einschränkungen ergreifen zu dürfen. Falls ein Offizier im Dienst ums Leben kam, wäre er der Letzte, der sich gewünscht hätte, dass seinen Kameraden aufgrund dessen irgendwelche Einschränkungen auferlegt würden.

Eine Woche der Jagdfliegerausbildung verbrachten wir mit Schießübungen in Galveston. Wir flogen von Kelly Fields aus mit MB-3A-Maschinen dorthin und schossen ausschließlich auf nachgeschleppte Ziele. Unser Flugplatz lag in der Nähe des Golfs von Mexiko, und da wir nach Feierabend hingehen durften, wo wir wollten, verbrachten wir einen Großteil des Abends an der Felsenküste.

Am Abend unseres letzten Tages in Galveston wetteiferten mehrere von uns darum, wer den am weitesten entfernten Felsen in der Brandung erreichen konnte, bevor der nächste Brecher heranrollte. Einer der Kameraden zeichnete sich dabei besonders aus. Er war so geschickt, dass sich niemand mit ihm messen konnte, weshalb wir ihn alle laut priesen und einstimmig erklärten, dass es keinen Felsen im Golf gäbe, der für ihn unerreichbar wäre. Es gab jedoch einen Felsen einige Meter außerhalb des am weitesten entfernten Punktes, den jemals einer von uns erreicht hatte. Wenn sich eine Welle zurückzog, war er nur für einen Augenblick sichtbar, bevor die nächste hereinbrach. Auch ihn zu erreichen sei möglich, versicherten wir vertrauensvoll unserem Kameraden.

Er sah sich den Felsen mehrere Minuten lang intensiv an und machte sich dann bereit, aufgeputscht von unseren Lobeshymnen und seinem Selbstvertrauen. Im richtigen Augen-

▸ *Washington, D.C. – Charles Evans Hughes überreicht das Ehrenkreuz der United States Flag Association*

blick sprang er der zurücklaufenden Brandung von Stein zu Stein hinterher, aber kurz bevor er den letzten Felsen erreichte, türmte sich dahinter auch schon eine riesige Woge auf. Zu spät! Der Gedanke daran, umzukehren, war ihm nie in den Sinn gekommen, und jetzt war die Gelegenheit versäumt. Mit Todesverachtung sprang er auf den Felsen und in die sich brechende Welle. Dieser Vorfall wäre nicht weiter schlimm gewesen und hätte keine ernsten Folgen gehabt, wenn wir in unseren Jagdflugzeugen nur Platz für etwas mehr Ausrüstung gehabt hätten. So aber gab es praktisch keine Kleidung zum Wechseln. Als wir also am nächsten Morgen nach San Antonio und Kelly aufbrachen, musste er seine nassen Sachen in einer De Havilland zurückschicken, während er selbst den Flug in seinem Fliegeranzug aus Bärenfell unternahm – ohne irgendetwas zwischen sich und dem Bärenfell.

In warmem Wetter nehmen diese Fellanzüge einen Geruch wie von einer Ziege an, die den ganzen Winter über im Stall gehockt hat, und der Pelz selbst ist alles andere als bequem. Während der Rückreise fraß sich einer der Kolben im Motor fest. Zwei Tage lang briet der Kadett abwechselnd in der Sonne des Südens und fror in den texanischen Nächten, während er sein Flugzeug bewachte und auf einen neuen Motor wartete.

Nach unserer Rückkehr aus Galveston übten wir auf zweisitzigen Maschinen Angriffe in Formation. Dabei erlebte ich einen Zwischenfall, wie er für das Leben eines Militärpiloten typisch ist: Ich musste meinen ersten Notabsprung mit dem Fallschirm durchführen. Wenn ein Militärflugzeug abstürzt, muss der Pilot einen ausführlichen Bericht darüber einreichen. Mein Bericht las sich wie folgt:

»Ein Geschwader aus neun SE5 unter dem Befehl von Lt. Blackburn, griff auf einer Höhe von etwa 1500 m, Dutzende von Metern über der Wolkendecke, eine von Lt. Maughan geflogene DH4B an. Ich flog links von der oberen Maschine mit Lt. McAllister zu meiner Rechten und Kadett Love an der Spitze. Als wir auf die DH herabstürzten, griff ich von links an und Lt. McAllister von rechts. Nachdem Kadett Love seine Maschine hochgezogen hatte, setzte ich den Sturzflug auf die DH für kurze Zeit fort, bis ich nach links herüberzog. Ich sah kein anderes Flugzeug in meiner Nähe. Als ich über die DH hinwegflog, spürte ich einen Augenblick später einen leichten Stoß und dann einen Aufprall. Mein Kopf wurde nach vorn gegen die Verkleidung geschleudert, und mein Flugzeug schien sich zu umzudrehen und einen Augenblick lang fast bewegungslos in der Luft zu hängen. Ich stellte das Gas ab und sah die SE5 mit Lt. McAllister im Cockpit ganz nah zu meiner Linken. Offensichtlich war er unverletzt und bereitete sich auf den Absprung vor.

Unsere Flugzeuge waren ineinander verhakt, die Rümpfe liefen fast parallel. Meine rechte Tragfläche war beschädigt und hochgeknickt, sodass sie die vordere rechte Ecke des Cockpits bedeckte. Dann begannen sich die Flugzeuge umeinander zu drehen und die Spanndrähte zu summen. Die rechte Tragfläche wippte und schlug bei jeder Schwingung auf meinen Kopf auf. Ich entfernte die Gummisicherung meines Gurtes, löste ihn, kletterte hinter dem losen Ende der beschädigten Tragfläche nach draußen, die Füße auf der Verkleidung am rechten Cockpitrand, die sich schon fast in senkrechter Stellung befand. Dann sprang ich so weit von dem Flugzeug weg wie möglich. Ich konnte den Auslösering ohne Schwierigkeiten finden und verspürte kein Fallgefühl. Das Wrack stürzte neben mir nach unten, und eine Zeit lang folgte ich parallel zu seinem Weg mit nur einer kleinen Abweichung zur Seite. Da ich befürchtete, die Trümmer würden mir auf den Kopf fallen, zog ich den Auslöser nicht, bis wir einige Dutzend Meter gefallen waren und in die Wolken eintauchten. In der Zwischenzeit hatte ich mich herumgedreht und fiel jetzt in horizontaler Lage mit dem Gesicht nach unten. Der Fallschirm funktionierte perfekt. Sobald ich den Auslöser zog, riss das Geschirr an meinen Schultern, die Beinriemen strafften sich, mein Kopf kippte nach oben und der Schirm öffnete sich komplett.

Ich sah Lt. McAllister über mir schweben, während die Flugzeugwracks etwa 30 m neben mir vorbeistürzten und sich dabei nach rechts drehten und einen Schweif leichterer Trümmerstücke hinter sich her zogen. Ich sah zu, bis die beiden Maschinen, immer noch ineinander verhakt, etwa 600 m unter mir zwischen den Bäumen aufschlugen und wenige Sekunden später in Flammen aufgingen.

Danach wandte ich meine Aufmerksamkeit der Suche nach einem Landeplatz zu. Ich befand mich über Bäumen und trieb in die Richtung eines umgepflügten Ackers, den ich erreichte, indem ich den Fallschirm seitwärts gleiten ließ. Kurz bevor ich den Boden erreichte, trieb ich wieder rückwärts, aber ich konnte das Geschirr noch herumwerfen, sodass ich am Rand eines Grabens keine 30 m vom Rand des Waldes landete. Der Aufprall war so stark, dass ich hinfiel, aber ich blieb unverletzt. Der Wind hielt meinen Fallschirm offen, und ich musste erst eine Reihe der Leinen ziehen, bis er in sich zusammenfiel.

Während des Falls hatte ich meine Schutzbrille, eine Westentaschenkamera, die genau in meine Beintasche passte, und den Auslöser meines Fallschirms verloren.«

Während des Fallens hatten die anderen Flugzeuge die Formation aufgegeben und uns umkreist. Jedes Flugzeug in Sichtweite eilte mit Höchstgeschwindigkeit der Unglücksstelle entgegen, und es dauerte nicht lange, bis der Himmel voller Maschinen hing. Mehrere De Havillands landeten auf dem Acker, und nach nicht einmal einer halben Stunde wurden zwei Flugzeuge mit Zusatzfallschirmen losgeschickt, um uns zurück nach Kelly zu bringen. Etwa eine Stunde nach dem Zusammenstoß hatten wir zwei neue SE5 und befanden uns schon wieder in der Luft.

Der Fallschirm ist eine wunderbare Erfindung, mit der schon Leonardo da Vinci im 16. Jahrhundert experimentierte.

Der erste Fallschirm wurde 1784 von einem Franzosen gebaut. Er hatte ein starres Gerüst, das mit sehr festem Papier und Stoff bespannt war und wurde für einen Sprung von einem Gebäude in Paris eingesetzt.

Ungefähr ein Jahr später erfolgte in England ein Absprung mit derselben Art von Fallschirm aus einem Heißluftballon.

▸ *Washington, D.C. – Am Grabmal des unbekannten Soldaten auf dem Nationalfriedhof Arlington*

Schon bald jedoch wurden solche Ballonabsprünge nicht mehr mit starren Fallschirmen, sondern mit anderen Typen durchgeführt.

Um 1880 machte sich Captain Thomas Baldwin einen Namen, indem er mit einem Vorläufer der heutigen Fallschirmtypen von einem Heißluftballon absprang. Er war der erste wirklich erfolgreiche Springer, wobei der Erfolg in jener Zeit daran gemessen wurde, wie lange ein Mann in diesem Beruf am Leben blieb.

1912 erfolgte der erste Fallschirmabsprung aus einem Flugzeug heraus. Der Fallschirm war in einem am Flugzeug befestigten Behälter verpackt und wurde von dem Springer beim Fallen dort herausgezogen.

Im Krieg erwies es sich, dass der Fallschirm ein lebensrettendes Gerät für Flieger ist. Schon 1918 berichteten alliierte Piloten, dass sich deutsche Flieger mit Fallschirmen aus brennenden oder außer Kontrolle geratenen Flugzeugen retteten. Daraufhin begannen die alliierten Piloten, ihrerseits darauf zu bestehen, dass sie mit Fallschirmen ausgerüstet wurden. Das Expeditionskorps der Vereinigten Staaten versuchte die guten Merkmale mehrerer vorhandener Typen zu kombinieren, um daraus einen brauchbaren Fallschirm zu konstruieren. Alle diese Modelle waren jedoch schwer und klobig und ließen sich nicht leicht in einem Flugzeug unterbringen.

Im Sommer 1918 beantragten Vertreter der amerikanischen Heeresflieger in Washington gute Fallschirme für den Einsatz in Flugzeugen. Es wurden viele Versuche durchgeführt, und nach der Kombination der guten Merkmale verschiedener ausländischer und amerikanischer Fallschirme wurde schließlich ein brauchbarer »freier« Typ entwickelt. Mit »frei« eine ich, dass der Fallschirm vollständig unabhängig vom Flugzeug war.

Häufig stehen in den Zeitungen Geschichten von Fallschirmen, die sich nicht geöffnet haben. In Wirklichkeit jedoch ist es wahrscheinlicher, dass jemand, der von einem Flugzeug abspringt, ums Leben kommt, bevor er den Auslöser ziehen kann, der den Schirm öffnet. Früher waren Versuche mit neuen Fallschirmen tatsächlich mit viel Gefahr verbunden, aber mittlerweile ist die Entwicklung so weit fortgeschritten, dass es praktisch keine Todesfälle mehr gibt. Jeder von staatlichen Stellen eingesetzte Fallschirm wird monatlich neu gepackt und alle sechs Monate geprüft.

Insgesamt haben Fallschirme im Militärdienst bereits 57 Menschenleben gerettet. Alle Absprünge fanden aufgrund von Nebel, Motorausfällen über ungünstigem Gelände, Kollisionen mit anderen Flugzeugen oder anderen Notfällen statt. In Militärkreisen werden Flieger, die abspringen, um ihr Leben zu retten, als Mitglied des »Raupenclubs« bezeichnet. Grundlage dieser Redensart ist, dass die Fallschirme aus Seide gefertigt sind, die von Seidenraupen produziert wird. Alle 57 Mitglieder dieses Clubs haben das Gefühl, dass sie ihr Leben den Seidenraupen zu verdanken haben.

Unter Heeresfliegern gilt das Sprichwort: »Wenn du einen Fallschirm brauchst, aber keinen hast, dann brauchst du nie wieder einen.« Damit ist alles über den Wert dieser Erfindung für die Fliegerei gesagt.

Zwei der letzten Tage verbrachten wir mit taktischen Manövern zusammen mit den anderen Abteilungen. Die Hälfte von uns wurde abgestellt, um die Bomber und Aufklärer zu schützen, während die andere Hälfte sie anzugreifen versuchte. Wenn wir aufeinandertrafen, entwickelten sich heftige Kämpfe. Die Luft war erfüllt mit Jagdmaschinen in jeder vorstellbaren Fluglage, die versuchten, sich an das Heck einer gegnerischen Maschine anzuhängen, ohne selbst beschossen zu werden.

Abends in der Kaserne stritten wir uns darüber, wer denn nun den Krieg gewonnen hätte, aber wenn einer von uns einem Gegner bewies, dass er ihn bei einer echten Schlacht abgeschossen hätte, stand ein anderer auf und behauptete, dass er die angreifende Maschine schon einige Minuten vorher aus dem Verkehr gezogen hätte.

Am Abschlusstag waren von den 104 Kadetten, die ein Jahr zuvor als Kadetten in Brooks angefangen hatten, nur noch 18 übrig. Wir erhielten unsere Pilotenabzeichen und wurden zu Leutnants im Reservekorps des Heeresflugdienstes ernannt. An diesem Abend veranstalteten wir ein Abschiedsessen in San Antonio und versammelten uns zum letzten Mal.

Am nächsten Tag verließen wir Kelly.

7 Ich steige bei der Luftpost ein

Ich nahm den Zug nach St. Louis und ging dann mit einer OX5 Standard auf Barnstorming-Tournee in Illinois, Missouri und Iowa. Das Postministerium hatte gerade eine Reihe von Verträgen für Luftpostrouten ausgeschrieben, von denen eine von St. Louis über Springfield, Illinois, nach Chicago führte. Ich wollte mich noch als Barnstormer im Land betätigen, bis feststand, welche Firma den Vertrag ergattert hatte. Die Robertson Aircraft Corporation hatte mir die Stelle als Chefpilot angeboten, falls sie den Zuschlag erhielt.

Nach der Rückkehr aus Iowa nahm ich an verschiedenen Luftzirkusveranstaltungen teil und unternahm einige kurze Überlandflüge in nahe gelegene Städte.

Als ich am 2. Juni ein in Lambert Field gebautes Verkehrsflugzeug testete, war ich gezwungen, meinen zweiten Notabsprung vorzunehmen. Ich hatte die Maschine bereits in der vorherigen Woche einige Minuten lang geflogen und prüfte bei dieser Gelegenheit ihr Verhalten bei verschiedenen Manövern. Bis auf den Spiralsturz hatte ich schon alles erledigt, aber als ich ihn rechtsherum einleiten wollte, weigerte sich das Flugzeug, auch nur mit dem Manöver zu beginnen. Nach einem zweiten Versuch mit demselben Ergebnis gab ich auf und versuchte einen linksdrehenden Spiralsturz. Das Flugzeug ließ sich ganz leicht ins Trudeln bringen, und als ich nach einer halben Umdrehung wieder in die Steuerung eingriff, kam es auch sofort wieder aus dieser Bewegung heraus. Danach versuchte ich einen zweiten linksdrehenden Spiralsturz, ließ die Maschine diesmal aber zwei komplette Umdrehungen lang trudeln. Als ich versuchte, wieder die Kontrolle über das Flugzeug zu bekommen, reagierte es nicht mehr auf die Steuerung, und auch der Motor leistete keine Hilfe. Die nächsten 450 m versuchte ich noch, aus der Trudelbewegung auszubrechen, aber dann sprang ich nach rechts aus dem Cockpit. Da ich nur noch 100 m über dem Boden war, zog ich sofort den Auslöser, kaum dass die Heckflosse an mir vorübergetaucht war. Der Fallschirm öffnete sich zwar rasch und funktionierte auch, aber trotzdem stürzte ich schneller als das trudelnde Flugzeug. Bei seiner nächsten Umdrehung hielt die Maschine unmittelbar auf meinen Fallschirm zu. Wie nahe sie mir kam, werde ich nie wissen, denn die Halteseile meines Geschirrs verdrillten sich und wirbelten mich herum, als das Flugzeug an mir vorbeirauschte. Mit Sicherheit aber betrug der Abstand zwischen der Tragfläche und meinem Schirm weniger als acht Meter.

Ich sah zu, wie das Flugzeug auf einem Kornfeld aufschlug, und kümmerte mich um die Landung. Ein starker Wind trieb mich auf eine Reihe von Stromleitungen zu, weshalb

▸ *Washington, D.C. – Reden am Washington Monument. Der Präsident steht zu Lindberghs rechten.*

ich den Schirm teilweise zusammenfallen lassen musste, um schneller zu sinken und dadurch eine Berührung der Drähte zu vermeiden. Ich krachte ziemlich heftig auf ein Kartoffelfeld und wurde mehrere Meter weit über eine Straße mitgeschleift, bevor einige Männer herbeieilten und den Schirm festhielten. Zusammen mit dem starken Wind und den Turbulenzen hatte das Zusammenfallen des Schirms so nah am Boden einen raschen Sinkflug verursacht, sodass ich mir bei der Landung die Schulter auskugelte.

Im Juli leistete ich zwei Wochen aktiven Dienst in Richard Fields in Missouri ab, wo ich Unterricht in Jennys und DH4-Maschinen gab. Im August flog ich mit einer Curtiss Oriole nach Nevada in Missouri, um bei einem Manöver der Nationalgarde von Missouri Truppen zu transportieren.

Während ich in Nevada war, wurde mir das Angebot gemacht, bei einem Luftzirkus in Colorado mitzufliegen. Da es nicht so aussah, als könne ich in absehbarer Zeit auf der Postroute arbeiten, nahm ich an. Nach dem Ende des Manövers flog ich die Oriole zurück nach St. Louis und fuhr dann mit dem Zug nach Westen.

Als ich auf dem Flugplatz einige Kilometer außerhalb von Denver ankam, stellte ich fest, dass die Maschine, die ich nehmen sollte, genau die Lincoln Standard war, mit der Lynch und ich vor drei Jahren nach Montana geflogen waren. Bevor der Luftzirkus begann, unternahmen wir noch ein bisschen Barnstorming an den östlichen Ausläufern der Rocky Mountains. Wir waren für Vorführungen bei einer Reihe von Jahrmärkten in Colorado gebucht, und für diese Vorführungen gab es keinerlei Einschränkungen. Also stellten wir alles auf die Beine, für das die Auftraggeber zu zahlen bereit waren. Auf kleineren Plätzen verwendeten wir nur ein Flugzeug, aber bei den bedeutenderen Veranstaltungen waren zwei erforderlich.

Wir flogen jeweils am Tag vor unserer Vorführung zu der Stadt, in der der Jahrmarkt abgehalten wurde. Auf diese Weise konnten wir alles für den Zirkus vorbereiten, sodass es am nächsten Morgen keine Verzögerungen bei unseren Vorstellungen gab.

Als Erstes führten wir »Wingwalking« vor. Dabei kletterte der Akrobat aus dem Cockpit und spazierte an der Kante der unteren Tragfläche entlang bis zur äußeren Strebe, wo er auf die obere Tragfläche kletterte und dort beim Passieren der Tribüne einen Kopfstand machte. Nach den Kunststücken auf der Tragfläche kletterte er zum Fahrwerk und von dort aus zur Rumpfmitte, wo er sich hinhockte, während das Flugzeug Loopings und Immelmanns durchführte. Anschließend spazierte er zum Heck, womit die Wingwalking-Vorstellung außer bei besonderen Gelegenheiten vorüber war.

Darauf folgte der »Todessturz«. Dazu wurde ein Seil am Fahrwerk festgemacht. Der Akrobat kletterte zur Flügelspitze, befestigte seinen Gurt am losen Ende des Seils und stürzte dann allem Anschein nach von der Tragfläche. Niemand am Boden konnte das Seil sehen, weshalb der vermeintliche Todessturz immer für eine Sensation sorgte. Damit der Vorführende wieder nach oben klettern konnte, waren entlang des Seiles eiserne Ringe angebracht.

Eine unserer Hauptattraktionen war das Umsteigen. Dazu wurde an der Tragfläche eines Flugzeugs eine Strickleiter befestigt. Beim Passieren der Zuschauertribüne überquerte diese Maschine ein zweites Flugzeug, auf dem der Darsteller an der Spitze der oberen Tragfläche stand und die Leiter ergriff. Wir simulierten dabei gewöhnlich zunächst zwei Fehlschläge, um die Wirkung zu erhöhen, planten aber von vornherein, die Nummer erst beim dritten Versuch durchzuführen. So erschien das Kunststück viel schwieriger.

Am gegenüberliegenden Ende der Tragfläche mit der Leiter war ein Fallschirm befestigt. Nach dem Umsteigen sprang der Akrobat mit dem Schirm ab, und damit war die Vorführung beendet.

Am Abend führten wir einen Feuerwerksflug durch. An jeder Tragfläche wurde ein Satz von Wunderkerzen befestigt, die einen Feuerschweif von mehreren Dutzend Metern hinter dem Flugzeug herzogen. Wenn diese Kerzen ausgebrannt waren, wurden zwei Magnesiumfackeln entzündet, in deren Schein man problemlos Zeitung lesen konnte. Gezündet wurde die ganze Einrichtung über eine elektrische Batterie im Cockpit.

Nachdem das Flugzeug eine Höhe 500 oder 1000 m erreicht hatte, ließen wir einige Bomben fallen, um die Aufmerksamkeit zu erregen. Dann betätigten wir einen Schalter, um die Schweifkerzen und die farbigen Lichter einzuschalten, und flogen Loopings und Kurven, während die Maschine kometengleich einen Feuerschweif hinter sich herzog.

Die größte Schwierigkeit bei Nachtflügen stellte die Beleuchtung des Landefeldes dar. Manchmal standen dort eine Reihe von Autos, sodass ich im Scheinwerferlicht starten und landen konnte. In diesen Fällen war der Boden gut beleuchtet und die Landung einfach. Es gab jedoch Gelegenheiten, bei denen uns nur ein Auto zur Verfügung stand, und einmal musste ich in einer mondlosen Nacht im Schein einer Taschenlampe starten und landen, die ein Helfer ständig aufblitzen ließ, während ich in der Luft war, sodass ich immer wusste, wo sich das Landefeld befand.

In einer Stadt in Colorado waren wir für einen Feuerwerksflug gebucht, der zwischen Einbrechen der Dunkelheit und Mitternacht stattfinden sollte. An diesem Tag waren wir als Barnstormer unterwegs gewesen, und als wir uns gerade auf den Weg zu dieser Stadt machen wollten, ging unser Öl zur Neige. Als wir unseren Vorrat aufgefüllt hatten, war es zu spät, um die Stadt noch vor dem Dunkelwerden erreichen zu können, und ich war in diesem Ort noch nie gelandet. Der Besitzer des Flugzeugs war jedoch zuversichtlich, dass er das Landefeld auch im Dunkeln ausmachen könnte. Er war schon mehrere Male dort gewesen und wusste, dass das Feld »gleich neben dem Golfplatz« lag.

Nachdem wir die Stadt erreicht und mehrmals umkreist hatten, drosselte ich den Motor und rief: »Wo ist das Feld?«

Die Antwort kam prompt und zuversichtlich: »Gleich neben dem Golfplatz!«

»Und wo ist der Golfplatz?«

»Keine Ahnung!«

Da stand ich also wieder einmal in einer dieser so amüsanten, aber gleichzeitig auch gefährlichen Situationen im Leben eines Barnstormers. Wir befanden uns in dunkler Nacht über unbekanntem Gelände, der Treibstoff ging zur Neige, es war unbedingt in den nächsten Minuten zu landen – doch die Felder waren nicht zu unterscheiden, und nicht einmal die Weidezäune waren zu sehen.

Ich flog umher, bis ich in einem Feld unter uns den Umriss eines Heuschobers erkannte. An der einen Seite war das Feld von einer Weide gesäumt, die sich durch eine hellere Farbe auszeichnete, und am Ende war eine Baumreihe zu erkennen. Ob es irgendwelche Pfosten oder Gräben in diesem Feld gab, ließ sich nicht feststellen, aber wir hatten keine andere Wahl. Also landete ich in der Mitte neben dem Heuschober.

Eine hastige Untersuchung des Feldes ergab, dass es sich für den Nachtflug eignen würde. Wir hielten das erste vorbeifahrende Auto an und ließen uns in die Stadt mitnehmen. Es war gar nicht so einfach, unsere Feuerwerkskörper zu finden. Da die Geschäfte schon geschlossen waren, verloren wir noch mehr Zeit, bis wir endlich die erforderlichen Drähte, Nägel und Bretter hatten, um das Gerüst zur Befestigung der Fackeln und Kerzen am Flugzeug zu zimmern.

Es war schon fast Mitternacht, als das Flugzeug endlich für die Vorführung bereit war. Nur ein Auto war noch auf dem Feld verblieben. Wir fuhren den Wagen so neben den Heuschober, dass er auf einer Seite davon zu sehen war und den Großteil seines Scheinwerferlichts auf das Feld warf. Als ich starten wollte, wurden die Scheinwerfer jedoch so schwach, dass sie mir nichts mehr nützen konnten. Einer der Männer hatte jedoch eine Taschenlampe bei sich, die er auf den Heuschober richtete, sodass ich starten konnte.

▸ *Von der Spitze des Washington Monument*

Beim Abheben war es 23.40 Uhr. Die letzte Fackel brannte um 23.57 Uhr aus. Nur drei Minuten später, und wir hätten unseren Vertrag nicht erfüllt.

Ich fand das Feld dank der blinkenden Lampe wieder und landete in deren Schein.

Wenn die Position des Orientierungslichts bekannt ist und das Feld keine Unebenheiten aufweist, ist es nicht notwendig, den Boden zu sehen. Man kann mit dem Flugzeug herangleiten und in finsterster Nacht aufsetzen. Piloten müssen ihre Maschinen häufig landen, wenn nur die Umrisse des Feldes zu sehen sind. Aus diesem Grund ist es ganz entscheidend, dass sich während einer Nachtlandung keine Hindernisse wie landwirtschaftliche Geräte oder Vieh auf dem Feld befinden.

Der Versuch, ein unbekanntes Feld nur anhand seiner Lage zu einem ebenso unbekannten Golfplatz auszumachen, ist nur eine der vielen tragikomischen Situationen im Leben eines Piloten.

So wird unter anderem die Geschichte eines jungen Piloten erzählt, der gerade fliegen gelernt hatte. Er nahm den Besitzer der Maschine auf einen kurzen Flug mit und führte ihm die verschiedenen Manöver vor, die er gelernt hatte. Schließlich ließ er das Flugzeug abwärts trudeln, doch dabei stellte er nach mehreren Umdrehungen fest, dass er die Kontrolle nicht mehr zurückgewinnen konnte. Nachdem er vergeblich alles ausprobiert hatte, woran er sich von seiner Ausbildung erinnern konnte, beugte er sich im Cockpit vor und informierte seinen Passagier mit gepresster Stimme, dass sie abstürzen würden. Ohne die Bedrohlichkeit der Situation zu erkennen, gab der Besitzer zurück: »Was zum Teufel geht dich das an, das Flugzeug gehört schließlich nicht dir!«

Es geschieht häufig, dass unerfahrene Mitflieger von völlig harmlosen Zwischenfällen beunruhigt werden, während sie in Situationen, in denen der Pilot hart kämpfen muss, um eine Katastrophe zu vermeiden, völlig entspannt das Leben genießen.

Immer wieder versuchte man uns zu überreden, von einem kleinen Feld aus mehr als zwei Passagiere gleichzeitig mitzunehmen, was das Flugzeug gefährlich überladen hätte. Ob das Flugzeug die nächststehenden Bäume mit ausreichendem Sicherheitsabstand überflog oder sie nur um wenige Zentimeter verfehlte, war ihnen gleich. Jegliche Erklärungen unsererseits fruchteten nichts.

Wenn wir uns weigerten, die Maschine zu überladen, führte irgendjemand das Beispiel einer anderen Maschine an, die mehrere Passagiere auf einmal getragen hatte. Dass es sich um einen anderen Flugzeugtyp gehandelt hatte oder dass der Start von einer viel längeren Startbahn aus erfolgt war, spielte dabei keine Rolle. Aus der Tatsache, dass die Maschine mehr Passagiere befördert hatte, als wir zuließen, schlussfolgerten die Leute, dass sie halt einen besseren Piloten gehabt hatte oder dass unser Flugzeug nicht sicher genug wäre, um sich ihm anzuvertrauen.

Wenn wir in Bodennähe um jedes bisschen Höhe kämpfen mussten, hatten unsere Passagiere den größten Spaß und winkten den Zuschauern unter ihnen zu. Aber wenn der Motor nur einmal kurz stotterte, konnte sich das Flugzeug sicher in Hunderten von Metern Höhe befinden und von mehreren großen Landeplätzen umgeben sein, und doch drehten sich die Passagiere nervös zum Piloten um und wünschten, sie hätten sich niemals in ein Flugzeug gesetzt.

Die internationalen Flugzeugrennen wurden dieses Jahr in der ersten Oktoberhälfte in New York abgehalten, und da unsere Verträge für Jahrmarktsflüge Ende September ausliefen, entschieden wir uns, am Wettbewerb für den Flug nach New York teilzunehmen, der nur für zivile Flugzeuge ausgeschrieben war und bei dem Entfernung, Geschwindigkeit, Anzahl der Passagiere und Größe des verwendeten Motors in die Bewertung einbezogen wurden.

Wir überholten unseren Motor in Denver und wollten von dort zum Start nach San Francisco fliegen. Einige Ersatzteile für den Motor waren jedoch zu spät geliefert worden, weshalb wir mehrere Tage verspätet von Denver aufbrachen. Um überhaupt starten zu können, mussten wir mehrere Nachtschichten einlegen und einiges ungetan lassen. Wir installierten einen 190-l-Zusatztank unter der Flugzeugmitte, der uns zusammen mit den regulären Rumpftanks ein Fassungsvermögen von insgesamt 405 l ermöglichte.

Den Motor bauten wir in der letzten Nacht ein und ließen ihn dann bis zum Tagesanbruch im Leerlauf, um an den Lagern zu arbeiten. Danach starteten wir nach San Francisco.

Unser erster Zwischenhalt war Rawlins in Wyoming, der höchste Flugplatz der transkontinentalen Luftpostroute. Wir füllten in Rawlins unsere Tanks auf und erreichten am Abend Evanston.

Als wir in Evanston den Motor anwarfen, um zum Abstellplatz für die Nacht zu rollen und die Maschine dort festzumachen, fing der Vergaser Feuer. In der Eile, die Maschine startklar zu machen, hatten wir weder einen Feuerschutz am Einlass noch ein Ablaufrohr am Behälter angebracht. Der

Motor war von Öl überzogen, und das aus dem Behälter überlaufende Benzin ließ die Flammen zu ihm nach unten schlagen. Bald stand die ganze Flugzeugnase in Flammen, und obwohl wir Erde auf den Motor schaufelten, mussten wir befürchten, dass die Tragflächen Feuer fingen. Sollte die Bespannung zu brennen beginnen, war das Flugzeug verloren. Ich hatte gerade die gesamte lose Ausrüstung aus dem Cockpit geborgen, als jemand mit einem Feuerlöscher erschien, mit dessen Hilfe wir das Feuer bald löschen konnten.

Die gesamte Isolierung der Zündkabel war weggebrannt, aber ansonsten hielten sich die Beschädigungen in Grenzen.

Erneut verzögerte sich unser Weiterflug um 24 Stunden, in denen wir den Motor neu verkabelten und von dem Dreck reinigten, den wir bei unseren Löschversuchen daraufgehäuft hatten.

Nach dem Abflug von Evanston hielten wir in Salt Lake City, und von dort aus überquerten wir die Wüste mit dem Großen Salzsee, um nach Battle Mountain in Nevada zu kommen, wo wir die Nacht verbrachten.

Von Battle Mountain brachen wir mit vollen Tanks auf. Zunächst folgten wir den Gebirgspässen, doch als ein Teil des Treibstoffs verbraucht und die Maschine dadurch leichter geworden war, überquerten wir die Kette der Sierra Nevada auf 2500 m Höhe. Wir landeten im kalifornischen Oakland und flogen noch am selben Abend ohne neue Betankung über die Bucht von San Francisco nach Crissey Field weiter.

Am nächsten Tag starteten wir von Crissey Field aus zum Wettflug nach New York. Nach den Regeln des Wettbewerbs musste für jedes Flugzeug ein Logbuch geführt werden, in dem der Startpunkt und die Anzahl der Passagiere vermerkt und von zwei Zeugen bestätigt waren. Als wir das Logbuch angelegt und unser Flugzeug versorgt hatten, war es bereits Nachmittag. Die Dunkelheit holte uns über Lovelock in Nevada ein.

Nachdem wir in Salt Lake City getankt hatten, verbrachten wir die nächste Nacht wieder in Rawlins.

Als wir in Rawlins ankamen, war ein Ventil defekt. Da wir das alte Ventil ausbauen und ein neues einpassen mussten, verloren wir einen weiteren Tag.

Aufgrund des verspäteten Starts in Denver und der unplanmäßigen Aufenthalte in Evanston und jetzt in Rawlins waren wir weit hinter unserem Zeitplan. Wenn es jedoch keine weiteren Probleme gab, sollten wir New York rechtzeitig erreichen können. Kaum hatten wir Rawlins verlassen, versagte das nächste Ventil, und nach dem Start von unserem nächsten Zwischenhalt in Sidney, Nebraska, leistete der Motor nicht mehr die volle Drehzahl.

Von Sidney aus flogen wir noch nach Lincoln weiter, aber angesichts der kurzen Zeit, die uns noch verblieb, entschieden wir, auf das Rennen zu verzichten und eine Barnstorming-Tour zu beginnen.

In Lincoln reparierten wir den Motor. Danach arbeiteten wir uns nach St. Louis vor, wo wir Ende Oktober eintrafen.

In St. Louis entschieden wir, das Flugzeug für den Winter unterzustellen. Ich begann damit, Flugschüler der Robertson Aircraft Corporation auf OX-5 Standards auszubilden. Die Firma hatte den Vertrag für die Luftpostroute erhalten, der Betrieb sollte aber erst im nächsten Frühjahr losgehen. Daher verbrachte ich die Wintermonate mit Unterricht und Testflügen für dieses Unternehmen.

Zum ersten Mal in meiner Fliegerkarriere sollte ich länger als einige wenige Monate am selben Ort bleiben. Daher meldete ich mich im November 1925 beim 110. Aufklärungsgeschwader in der 35. Division der Nationalgarde von Missouri, wo ich kurz darauf zum Oberleutnant befördert wurde.

Das Geschwader war in Lambert Field stationiert, und jeden Sonntag verbrachte ich in der Luft. Wir verfügten über eine Reihe von JN-Ausbildungsflugzeugen und eine TW-3, die persönliche Maschine des Kommandanten.

Unsere Truppe setzte sich größtenteils aus Piloten zusammen, die während des Krieges geflogen, nach Kriegsende aber ins Zivilleben zurückgekehrt waren. Ihre einzige Methode, um im Training zu bleiben, bestand darin, in ihrer Freizeit Maschinen der Nationalgarde zu fliegen und zwei Wochen im Jahr an Manövern teilzunehmen.

Diese Offiziere und ihre Untergebenen hatten sich zu zwei Nächten und einem Tag Militärdienst pro Woche verpflichtet. Ihre Bezahlung war gering, und die meisten von ihnen verloren durch das Fernbleiben von ihrer normalen Arbeit mehr, als sie für den Dienst erhielten. Der Nationalgarde waren sie nicht wegen der Besoldung beigetreten, sondern aus zwei anderen Gründen: Erstens bot ihnen dies die Gelegenheit, nicht aus der Übung zu kommen, und zweitens hielten sie es für ihre patriotische Pflicht, allzeit für den Ernstfall bereit zu sein.

Die verfügbaren Mittel waren gering und häufig unzureichend, doch obwohl manchmal ein Teil des Geschwaders seinen Sold zusetzen musste, gelang es, die Flugzeuge in der Luft zu halten.

Die Geschwader der Nationalgarde sind für junge Männer eine hervorragende Gelegenheit, um erste Schritte in der Fliegerei zu unternehmen. Wöchentlich findet Unterricht statt, der praktisch alle Zweige des Militärflugdienstes abdeckt. Praktische Flugerfahrung wird sowohl in der Luft als auch am Boden unter realistischen Bedingungen gewonnen. Jedes Jahr werden einige wenige Mitglieder des Geschwaders zur Flugausbildung in die Militärschule nach San Antonio geschickt, und danach nehmen diese Männer ihren Platz unter den Offizieren ein.

Die Einweihung unseres Luftpostdienstes sollte am 15. April stattfinden, und während der Frühling nahte, waren wir mit den Vorbereitungen beschäftigt. Die De Havillands mussten vollständig ausgerüstet und getestet werden, die Organisation am Boden war aufzubauen, es standen Entscheidungen über die Zielflughäfen und über die Einrichtungen an, an denen Post übernommen und übergeben werden sollte. Dazu kamen noch all die unauffälligen Einzelheiten, die erforderlich sind, um aus der Gesellschaft eine erfolgreiche Linie zu machen.

Die zu vergebenden Luftpostrouten werden vom Postministerium ausgewählt und so abgesteckt, dass dadurch die Postzustellung durch die Nutzung des Luftweges beschleunigt wird.

Die Route wird dann öffentlich ausgeschrieben. Den Vertrag erhält der günstigste Anbieter, der in der Lage ist, den Betrieb erfolgreich durchzuführen.

Die Interessenten können in ihrem Angebot jeden Betrag bis zu drei Dollar pro Pfund Post nennen. Abgerechnet wird dann nach der tatsächlich beförderten Menge an Post auf der Route.

Unsere Strecke verlief zwischen St. Louis und Chicago und wurde nach einem Zeitplan betrieben, der die Zustellung nach New York im Gegensatz zur Beförderung per Bahn um einen Werktag verkürzte. Ein Brief, den jemand vor 15.30 Uhr in St. Louis aufgegeben hatte, wurde in einem schnellen Postlaster nach Lambert Field gebracht, dort in ein mit laufendem Motor wartendes Flugzeug verladen und kam um 19.15 Uhr in Maywood, Illinois, an. Dort ging es in eines der Übernachtflugzeuge, die via Cleveland zwischen Chicago und New York verkehrten, sodass der Brief rechtzeitig zur Morgenzustellung im New Yorker Postamt ankam.

Antwortete der Empfänger in New York noch am selben Abend, konnte sein Schreiben noch vor Mittag des folgenden Tages wieder in St. Louis eintreffen. Mit normaler Post wäre der Brief einen Tag länger unterwegs gewesen.

Die Vorteile des Lufttransports machen sich vor allem über weite Strecken bemerkbar. Von New York nach San Francisco benötigt die Luftpost 36 Stunden, während ein Zug für dieselbe Reise fast vier Tage braucht.

Dank des Post- und des Handelsministeriums sind die Vereinigten Staaten mit einem Netz von Luftpostrouten überzogen. Wenn die Öffentlichkeit diesen Dienst nur genügend annimmt, wird bald fast jede Stadt im Lande an solche Luftverkehrslinien angeschlossen sein.

8 Rettung mit dem Fallschirm

Am 1. April war unsere Organisation schon gut gediehen, und etwa eine Woche vor dem Eröffnungstag flogen wir mit zwei Maschinen die Route ab, um letzte erforderliche Vorkehrungen zu treffen.

Am 15. April um 5.50 Uhr startete ich zum ersten Flug in südlicher Richtung vom Luftpostfeld des Flughafens Maywood, und am Nachmittag schickten wir zwei Maschinen mit der ersten Post von St. Louis über Springfield und Peoria nordwärts.

In den Sommermonaten konnten wir den Großteil unserer Route bei Tageslicht abarbeiten, aber je mehr wir uns dem Winter näherten, umso mehr Stunden verbrachten wir mit Nachtflügen zu, bis die Dunkelheit schließlich wenige Minuten nach dem Start in St. Louis einsetzte.

Mit den Nachtflügen und dem Einsetzen schlechten Wetters begannen die Schwierigkeiten. Unsere Route war zu Anfang nicht beleuchtet, und die Flugplätze für die Zwischenlandungen waren klein und oftmals in miserablem Zustand. Die Wetterberichte waren unzuverlässig, weshalb wir schließlich unsere eigenen Regeln aufstellten: Sofern es die örtlichen Wetterbedingungen zuließen, starteten wir mit der Post und versuchten dann, so weit zu kommen wie möglich. Wurden die Sichtverhältnisse zu schlecht, landeten wir und vertrauten die Post der Bahn an.

Als besonders schlimm erwies es sich, vom Tageslicht in die Dunkelheit hineinzufliegen. Tagsüber ist es kein Problem, bei einer Wolkenhöhe von 30 m zu fliegen, aber in der Nacht ist das etwas ganz anderes. Wenn sich das Wetter nach Einbruch der Dunkelheit verschlechtert, ist es nicht mehr möglich, umzukehren und ins Tageslicht zurückzufliegen.

Trotz all dieser Schwierigkeiten jedoch beförderten wir die Post mit erstaunlicher Pünktlichkeit. Während der ersten fünf Monate erreichten wir in 98% der Flüge den Anschluss.

Es gab nur zwei Bedingungen, die die Luftpost verzögern konnten: Nebel und Schneeregen. War der Nebel nicht allzu dicht oder nur örtlich begrenzt oder fiel der Schneeregen nicht zu heftig, so waren unsere Flugzeuge trotzdem unterwegs. Wenn der Nebel jedoch den Boden verschwinden ließ und das Landefeld verhüllte oder der Schneeregen auf den Tragflächen und den Drähten zu einer dicken Schicht gefror, war ein weiterer Flugbetrieb nicht mehr möglich. In solchen Fällen übergaben wir die Post der Bahn. Dadurch erreichte sie gewöhnlich mindestens ebenso schnell das Ziel, als wäre sie von vornherein mit der Bahn aufgegeben worden.

▶ *New York City – Überreichen der Orteig-Medaille. Raymond Orteig steht in der Mitte zwischen Colonel Scott und mir.*

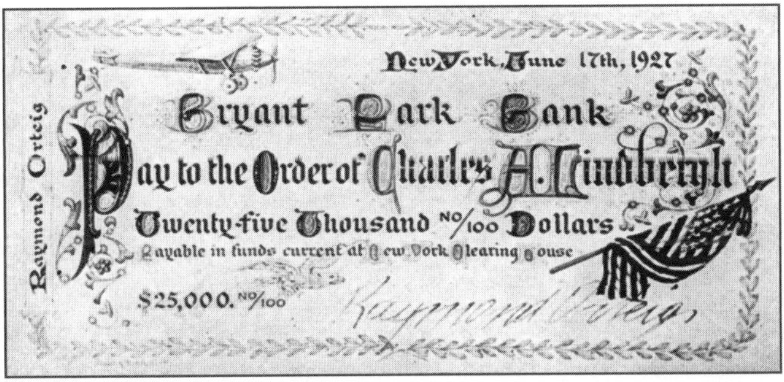

▶ *Kopie des Schecks über 25000 $, überreicht von Raymond Orteig*

Fast jeden Tag fliegen irgendwo in den USA Postpiloten durch Nebel, Sturm und Regen, um ihre Maschinen pünktlich zum Ziel zu bringen. Postflugzeuge haben nur selten Verspätung, und dann auch nur bei unmöglichen Wetterbedingungen. Durch die Verbesserung der Funknavigation und der Instrumente für den Blindflug werden diese Verzögerungen noch weniger werden. Irgendwann wird es möglich sein, dass die Piloten ihren Flugplan selbst unter den schlimmsten Bedingungen mit relativer Sicherheit einhalten können.

Eine weitere Gefahr, die während bestimmter Monate auftritt, ist die Vereisung. Das Eis setzt sich auf allen Teilen des Flugzeugs ab, vor allem aber auf Spanndrähten, dem Propeller und den Vorderkanten der Tragflächen. Wenn sich die Eisschicht nur langsam aus Nebel oder leichtem Regen bildet, kann das Flugzeug immer noch eine gewisse Zeit auf Kurs bleiben. Bei heftigem Schneeregen jedoch bildet sich das Eis so schnell, dass sich das Flugzeug keine fünf Minuten mehr in der Luft halten lässt. Es wird dann so rasch zu schwer, dass der Pilot selbst mit Vollgas die Höhe nicht mehr halten kann.

Dabei ist es nicht einmal das Gewicht des Eises, das dabei die größte Rolle spielt. Da sich das Eis an der Vorderkante festsetzt, verändert es das Flügelprofil, wodurch der Auftrieb sinkt.

Noch stärkere Auswirkungen zeigt die Eisbildung am Propeller. Die Blätter werden mit einer dicken Schicht überzogen, die sich immer weiter vergrößert, bis das Eis durch die Zentrifugalkraft von einem der Blätter losgeschleudert wird. Wenn das geschieht, setzen heftige Erschütterungen ein, bis auch das gegenüberliegende Propellerblatt seine Last abgeschüttelt hat.

Eine besondere Gefahr, der sich Postflieger ausgesetzt sehen, besteht darin, bei Nacht in schlechtem Wetter mit geringer Sicht zu fliegen und dann aufgrund einer niedrigeren Nebelbank den Boden aus dem Blick zu verlieren. Bewegt sich das Flugzeug ohnehin schon in geringer Höhe, ist es nicht ratsam, tiefer zu gehen. Die einzige Alternative besteht meistens darin, durch den Nebel aufzusteigen und irgendwo ein Loch zu finden, durch das man im Kreisen wieder abtauchen kann.

Bei Nacht von Nebel überrascht zu werden war der Grund für einen der Rettungsabsprünge mit Fallschirm, den ich durchführen musste. Der offizielle Bericht las sich wie folgt:

»Ich startete am 16. September 1926 um 16.25 Uhr von Lambert Field in St.Louis. Nach einem ereignislosen Flug kam ich um 17.10 Uhr in Springfield und dann um 17.55 Uhr in Peoria an.

Peoria Field verließ ich um 18.10 Uhr. Am Boden wogte leichter Dunst, aber der Himmel war praktisch klar mit einigen vereinzelten Cumuluswolken. 25 km nordöstlich von Peoria brach die Dunkelheit ein. Ich flog nach Kompass und orientierte mich anhand der Lichter der unter mir liegenden Städte, bis wenige Meilen nordöstlich von Marseilles und dem Illinois River eine lang gestreckte Nebelbank heranrollte.

Der Nebel reichte vom Boden aus bis in eine Höhe von 180 m. Da ich nicht unter dem Nebel fliegen konnte, drehte ich um und versuchte, eine Leuchtpatrone abzuschießen und in deren Licht zu landen. Die Patrone ließ sich jedoch nicht abfeuern, sodass ich wieder Kurs auf Maywood (den Luftpostlandeplatz von Chicago) nahm und hoffte, über dem Landeplatz eine Lücke im Nebel zu finden. Eine Untersuchung der Patrone zeigte, dass sie wegen eines zu kurzen Abzugshebels versagt hatte. Als ich das Auslösekabel ganz herauszog, konnte ich sie jedoch trotzdem verwenden.

Ich verblieb bis 19.15 Uhr auf Kompasskurs 50°. Dann sah ich ein mattes Glühen im Nebel, das auf eine Stadt darunter hindeutete. Im Nebel waren mehrere dieser Lichtflecke zu erkennen, allerdings nur dann, wenn man vom Mond wegblickte. Ich wusste, dass es sich um die Ortschaften rund um Maywood handelte, konnte die genaue Lage des Flugplatzes jedoch nicht bestimmen, obwohl die Suchscheinwerfer nach oben gerichtet und zwei Benzinfässer angezündet worden waren, um meine Aufmerksamkeit zu erheischen. Mehrmals stieg ich bis zur Oberseite der Nebelbank herunter, die sich laut Höhenmesser in einer Höhe von 240 bis 280 m befand. Der Himmel über mir war bis auf einige vereinzelte Wolken klar, und der Mond und die Sterne leuchteten hell. Nachdem ich 35 Minuten lang im Kreis geflogen war, wandte ich mich westwärts, um mich vom Michigan-See freizuhalten, und versuchte die Lichter der transkontinentalen Eisenbahnlinie ausfindig zu machen.

Nachdem ich 15 Minuten lang westwärts geflogen war und immer noch keine Lücke im Nebel gefunden hatte, drehte ich auf Südwestkurs, um das Ende der Nebelbank südlich des Illinois River zu erreichen. Um 20.20 Uhr setzte der Motor aus, weshalb ich auf Reserve schaltete. Zu diesem Zeitpunkt war ich nur 450 m hoch. Da der Motor nicht so rasch wieder anlief, wie ich gehofft hatte, schob ich die Taschenlampe in meinen Gürtel und bereitete mich schon darauf war, die Fallschirm-Leuchtpatrone auszulösen und auszusteigen, als der Motor endlich ansprang. Eine zweite Prüfung ergab, dass der Haupttank leer war, sodass mir nur noch höchstens 20 Minuten Flugzeit blieben.

Es gab keine Lücken im Nebel, weshalb ich beschloss, die Maschine zu verlassen, sobald der Reservetank erschöpft war. Ich versuchte, das Frachtabteil zu öffnen, um die Postsäcke abzuwerfen, bevor ich sprang, konnte den vorderen Verschluss aber nicht öffnen. Ich wusste, dass die Gefahr eines Brandes angesichts der leeren Tanks sehr gering war, und versuchte, wieder Höhe zu gewinnen. In diesem Moment sah ich für wenige Sekunden ein Licht am Boden – das erste seit fast zwei Stunden. Da ich noch genügend Benzin für fast 15 Minuten Flugzeit hatte, glitt ich auf 370 m herunter und zog das Auslösekabel für die Leuchtpatrone, als ich mich nach meiner Schätzung so nahe wie möglich über der Stelle befand, an der sich das Licht gezeigt hatte. Dieses Mal konnte ich die Patrone abfeuern, allerdings erleuchtete sie nur die Oberfläche einer massiven Nebelbank, in der sie dann verschwand, ohne mir auch nur irgendeine Spur des Bodens gezeigt zu haben.

Ich hatte noch für sieben Minuten Benzin im Schwerkrafttank. Als ich durch den Nebel den Widerschein einer Stadt sah, wandte ich das Flugzeug dem offenen Gelände zu und zog die Nase hoch. Auf 1500 m Höhe angelangt, begann der Motor zu stottern und fiel dann ganz aus. Ich kletterte auf die Verkleidung und über die rechte Cockpitseite nach draußen, sprang und zog nach einem Fall von 30 m den Auslöser. Der Fallschirm, ein Irving-Militärmodell, funktionierte einwandfrei. Die Haltegurte rissen mich, nachdem ich kopfüber gestürzt war, in die aufrechte Position, und die Kappe öffnete sich. Dieses Mal ging mir die Auslöseleine nicht verloren. Ich zog die Taschenlampe aus dem Gürtel und richtete sie nach unten auf die Oberfläche der Nebelbank, als ich plötzlich den Motor meines Flugzeugs hörte. Bei meinem Absprung war der Motor nicht mehr gelaufen, und ich hatte versäumt, ihn auszuschalten. Als das Flugzeug nun mit der Nase voran in die Tiefe stürzte, war offensichtlich noch ein Rest Benzin in den Vergaser gelaufen. Die Maschine kam schon bald in Sicht, ungefähr eine Viertelmeile entfernt, aber mit Kurs auf meinen Fallschirm. Ich stopfte die Lampe in eine der Taschen meines Fliegeranzugs, um beide Hände frei zu haben, sodass ich meinen Schirm falls notwendig aus dem Weg steuern konnte. Das Flugzeug trudelte in einer linksdrehenden Spirale von etwa einer Meile Durchmesser nach unten und passierte mich in ungefähr 300 m Entfernung, wobei ich außerhalb der Kreise blieb, die sie zog. Ich konnte nicht erkennen, ob ich oder das Flugzeug schneller fiel, und manövrierte meinen Fallschirm so schnell wie möglich von dem Spiralkurs der Maschine weg wie es eben ging. Das Flugzeug verschwand vollständig aus meiner Sicht, kam dann aber nach einigen Sekunden wieder zum Vorschein, wobei es ebenso schnell fiel wie mein Fallschirm. Ich zählte fünf Umdrehungen, jede immer ein bisschen weiter von mir entfernt als die letzte, bevor ich die Nebelbank erreichte.

Als ich in den Nebel eindrang, wusste ich den Erdboden 300 m unter mir. Ich suchte nach meiner Taschenlampe, musste aber feststellen, dass ich sie verloren hatte. Weder die Erde noch die Sterne waren zu sehen, und ich hatte keine Ahnung, was für Gelände unter mir lauerte. Ich kreuzte die Beine, um mich nicht im Geäst oder in Drähten zu verheddern, deckte mein Gesicht mit den Händen ab und wartete. Schließlich sah ich den Boden und befand mich im nächsten Moment auch schon in einem Maisfeld. Die Pflanzen ragten über meinem Kopf auf, und die Kappe lag auf den Wipfeln. Ich packte den Schirm in Windeseile zusammen und machte mich auf den Weg durch eine der Gassen zwischen den Reihen. Die Sichtweite am Boden betrug 30 m. Nach wenigen Minuten erreichte ich ein Stoppelfeld mit Wagenspuren, denen ich einen halben Kilometer bis zu einem Gehöft folgte. Dort angekommen, sah ich Scheinwerferlicht, das von der Straße herüberspielte. Da ich dachte, jemand hätte das Wrack meines Flugzeugs gefunden, machte ich mich auf den Weg zu dem Auto. Die Insassen fragten mich, ob ich den Flugzeugabsturz gehört hätte. Es bedurfte einiger Zeit, um ihnen zu erklären, dass ich der

Pilot war, aber selbst nach der Maschine suchte. Bevor ich die Leute überzeugen konnte, musste ich erst meinen Fallschirm als Beweis vorzeigen. Der Farmer war ebenso wie alle anderen Einwohner im Umkreis von fünf Kilometern sicher, dass das Flugzeug sein Haus nur knapp verfehlt hätte und ganz in der Nähe abgestürzt war. Tatsächlich fanden wir an der Stelle, an der er es aufschlagen gehört hatte, einige Stangen. Wir brachten eine Viertelstunde damit zu, in der Nähe nach dem Wrack zu suchen. Als das keinen Erfolg hatte, gingen wir zu dem Gehöft, um eine Suchmannschaft zusammenzustellen und nach St. Louis und Chicago zu telefonieren.

Ich wollte gerade das Ferngespräch anmelden, als das Telefon klingelte und wir darüber informiert wurden, dass das Flugzeug über drei Kilometer entfernt in einem Maisfeld gefunden worden war. Da wir im Nebel nur langsam fahren konnten, brauchten wir mehrere Minuten, bis wir die Absturzstelle erreichten. Als wir ankamen, hatte sich dort bereits eine kleine Menschenmenge um das Flugzeug versammelt, das zu einem Knäuel verformt war. Die Maschine hatte ein Bauernhaus nur knapp verfehlt und war dann einen halben Kilometer entfernt mit der linken Tragfläche in einem Haufen Getreidegarben hängengeblieben. Sie war auf der linken Tragfläche und dem linken Rand aufgekommen und dann 80 m weit über den Boden geschlittert, wobei sie einen Zaun durchschlagen hatte. Schließlich war sie 100 m von einer Scheune entfernt am Rand eines Maisfeldes zum Stehen gekommen. Das Frachtabteil war aufgerissen, und ein Postsack lag auf dem Boden. Die Post selbst hatte jedoch keinen Schaden genommen.

Der Sheriff von Ottawa traf ein, und wir nahmen die Post zum Postamt von Ottawa mit, wo wir sie um 3.30 Uhr dem Zug nach Chicago übergaben.«

▶ *Willkommensgrüße im Hafen von New York*

Als das Wrack einige Tage später untersucht wurde, stellte sich heraus, dass die Wartungstechniker den 420-l-Tank zur Reparatur ausgebaut und durch einen 320-l-Tank ersetzt hatten, ohne irgendjemand darüber zu informieren. Daher war mir der Treibstoff noch über der Nebelbank ausgegangen, ohne dass es mir möglich gewesen wäre, noch nach Peoria zurückzukehren, wo gute Sicht herrschte.

Die Umstände meines vierten Notabsprungs mit dem Fallschirm ähnelten denen des dritten sehr stark. Ich war um 16.20 Uhr von Lambert Field in St. Louis gestartet, legte eine Stunde später einen fünfminütigen Zwischenstopp in Springfield ein, um Post zu übernehmen, und nahm dann Kurs auf Peoria. Der Wetterbericht, der an diesem Nachmittag telefonisch nach St. Louis übermittelt worden war, sprach von durchaus passablen Flugbedingungen. Als ich mich ungefähr

25 Meilen nördlich von Springfield befand, setzte Dunkelheit ein. Die Wolkendecke hatte sich auf 120 m gesenkt, und leichter Schnee fiel. Bei South Pekin angekommen, ließen sich die Lichter am Boden aus 50 m Höhe keine halbe Meile weit mehr ausmachen, und über Pekin erschienen die Lichter der Stadt in 60 m Höhe nur noch verschwommen. Nachdem ich Pekin überflogen hatte, bewegte ich mich laut Angabe des Höhenmessers ungefähr fünf Minuten lang auf 180 m Höhe, bis die Helligkeit des Dunstes am Boden darauf hindeutete, dass ich mich über Peoria befinden musste. Zweimal konnte ich Lichter am Boden sehen. Ich ging auf 60 m herunter, doch dann verschwanden sie wieder. Danach versuchte ich, eine Gruppe der Lichter zu umkreisen, konnte die Kurve aber nicht steil genug fliegen, um sie im Auge zu behalten.

Nachdem ich 30 Minuten lang in der Gegend von Peoria herumgekurvt war, beschloss ich, nordostwärts Richtung Chicago zu fliegen, wo ich mir bessere Wetterbedingungen erhoffte. Ich hatte am frühen Nachmittag ein Flugzeug von Chicago nach St. Louis gebracht, und zu diesem Zeitpunkt waren die Wolkenhöhe und die Sichtverhältnisse in Chicago weit besser als an jedem anderen Punkt der Strecke. Im Tank hatte ich genügend Benzin für 70 Minuten, dazu kamen 20 Minuten Reserve. Das reichte nicht aus, um St. Louis zu ereichen, selbst wenn ich in der Lage gewesen wäre, den Kurs abzuschätzen und so den größten Teil der Strecke im Blindflug zurückzulegen und das Feld trotzdem direkt anzufliegen. Die Gegend um Chicago war derjenigen um St. Louis für eine Nachtlandung deutlich vorzuziehen.

Die nächste halbe Stunde flog ich erst auf 600 und dann auf 180 m Höhe nach Nordosten. Zahlreiche Lücken taten sich zwischen den Wolken auf, und gelegentlich ließen sich aus

150 m Höhe noch Lichter am Boden erkennen. Nachdem ich die Lichter eines Dorfes überquert hatte, traf ich auf eine ziemlich freie Stelle in der Wolkendecke. Ich stieg wieder auf 180 m hoch, warf eine Fallschirm-Leuchtpatrone ab und drehte das Flugzeug, um in den Wind und unter die Patrone zu gelangen, die auch sofort aufflammte. Anstatt aber an ihrem Fallschirm langsam nach unten zu schweben, stürzte sie wie ein Stein in die Tiefe. Ich konnte den Boden nur für einen Augenblick erkennen. Danach herrschte völlige Finsternis. Das Flugzeug hatte sich mittlerweile extrem geneigt, und da ich von dem grellen Licht noch geblendet war, konnte ich es nur mit Mühe wieder aufrichten. Der Versuch, den Boden mithilfe der Tragflächenbeleuchtung zu finden, verlief ohne Erfolg, da deren Schein in dem Dunst völlig wirkungslos war.

Als ich im Drucktank nur noch für zehn Minuten Benzin hatte und immer noch keinerlei Umrisse von Objekten am Boden erkennen konnte, entschloss ich mich, lieber das Flugzeug aufzugeben, als eine Landung im Blindflug zu wagen. Ich wandte mich wieder der dünner besiedelten Gegend im Südwesten zu und stieg weiter auf, um vor dem Absprung noch über die Wolken zu kommen. Der Haupttank war um 19.50 Uhr leer, der Reservetank zwanzig Minuten später. Der Höhenmesser zeigte zu diesem Zeitpunkt etwa 4200 m, doch die Wolkenobergrenze lag immer noch mehrere hundert Meter höher. Ich brachte das Höhenruder wieder in die Normalstellung, drückte alle Schalter auf »Aus« und zog die Maschine steil hoch. Gerade als ich über die rechte Seite des Cockpits aussteigen wollte, sackte die rechte Tragfläche nach unten. In dieser Lage würde das Flugzeug schnell Fahrt aufnehmen und in einer rechtsdrehenden Spirale abstürzen, wobei es gleich bei der ersten Drehung meinen Fallschirm treffen konnte. Ich kehrte also wieder an die Steuerung zurück,

▶ *New York City – Den Broadway hinauf*

richtete das Flugzeug aus und sprang über die linke Seite des Cockpits ab. Zu diesem Zeitpunkt zeigten die Instrumente eine Fluggeschwindigkeit von 70 Knoten und eine Höhe von 4000 m an. Den Auslöser zog ich, sobald ich vom Höhenleitwerk freigekommen war. Auch diesmal funktionierte der

Irving-Fallschirm fehlerlos. Ich verließ das Flugzeug mit dem Kopf voran und stürzte in dieser Stellung, bis die Gurte mich in die aufrechte Lage rissen und sich die Kappe öffnete. Das Letzte, was ich von der DH sah, war ihr Anblick, wie sie unmittelbar nach dem Öffnen des Fallschirms in den Wolken verschwand. Es schneite und war äußerst kalt. In der ersten Minute stieg der Fallschirm sanft ab, doch dann begann er heftig zu schwanken. Das dauerte etwa fünf Minuten lang an, ohne dass ich dem entgegenwirken konnte. Das erste Anzeichen dafür, dass ich mich dem Boden näherte, war eine allmähliche Verdunkelung des Raums unter mir. Der Schnee war in Regen übergegangen, und die Schwankungen hatten stark nachgelassen. Ich richtete den Strahl meiner Taschenlampe, die immerhin 50 m weit schien, nach unten, aber der Boden tauchte plötzlich so überraschend auf, dass ich genau auf einem Stacheldrahtzaun landete, ohne ihn zuvor gesehen zu haben. Immerhin bremste der Zaun meinen Sturz ab, ohne dass die Dornen meinen zähen Fliegeranzug durchbohren konnten. Die Kappe wurde auf den Zaun geweht und von den Windböen noch eine Zeit lang offen gehalten, bevor sie endlich zusammensank.

Nachdem ich den Fallschirm wieder in seinem Behälter verstaut hatte, versuchte ich das nächste Licht zu erreichen. Schon bald erreichte ich eine Straße und wanderte darauf anderthalb Meilen bis zum Dorf Covell. Von dort aus erstattete ich telefonisch Bericht in St. Louis. Die einzigen Informationen, die ich über das abgestürzte Flugzeug gewinnen konnte, stammten von einer Gruppe Farmer, die ich im Gemischtwarenladen des Ortes traf. Sie behaupteten, dass ein Nachbar den Absturz gehört hatte, aber die Richtung nur raten konnte. Eine einstündige Suche verlief ergebnislos. Ich gab die Anweisung, die Post zu bewachen, falls das Flugzeug vor meiner Rückkehr gefunden werden sollte, und

▲ *New York begrüßt Charles Lindbergh*

fuhr nach Chicago, um ein neues Flugzeug zu holen. Als ich am nächsten Morgen über Covell hinwegflog, erspähte ich das Wrack, um das sich schon eine kleine Menschenmenge versammelt hatte, keine 150 m hinter dem Haus, in dem ich am Abend zuvor meinen Fallschirm gelassen hatte. Nase und Räder hatten den Boden gleichzeitig berührt, und nachdem die Maschine etwa 20 m weit gerutscht war, hatte sie sich an einem Weidezaun aufgebäumt. Ein Rad hatte sich gelöst und lehnte platt an der Innenwand eines 100 m weit entfernten Schweinestalls. Es hatte zwei Zäune und die Mauer des Stalls durchbrochen. Die Tragflächen waren nur noch Kleinholz, aber der Rumpf hatte zwar einige dicke Beulen davongetragen, seine Röhrenform aber im Großen und Ganzen behalten, selbst im Frachtabteil. Der Fallschirm der Leuchtpatrone hing an der Heckkufe.

Es waren drei Säcke mit Post im Flugzeug gewesen. Einer, ein voller Behälter aus St. Louis, war aufgerissen, weshalb die Post zum Teil ölverschmiert, aber immer noch lesbar war. Die beiden anderen Säcke waren nur halb gefüllt und unbeschädigt.

Ungefähr zu diesem Zeitpunkt oder kurz danach begann ich mir erste Gedanken über einen Flug von New York nach Paris zu machen. Doch bevor ich die Ereignisse schildere, die zu diesem Flug führten, möchte ich noch einige Worte über die zukünftigen Möglichkeiten der Verkehrsluftfahrt verlieren.

Die Zukunft der Luftfahrt

Wenn man die Fliegerei mit anderen Transportmöglichkeiten vergleicht, darf man nicht vergessen, dass es Flugzeuge erst seit 25 Jahren gibt. Die Gebrüder Wright haben ihren ersten Flug in Kitty Hawk, North Carolina, im Jahre 1903 unternommen. Und doch sind heute, im Jahr 1927, kommerzielle Airliner regelmäßig über weite Strecken und unter allen Bedingungen unterwegs.

Die ersten Flugzeuge waren zerbrechliche Maschinen, die nur bei gutem Wetter funktionierten. Selbst wenn man äußerste Vorsicht walten ließ, war die Fliegerei in jenen Anfangstagen der Luftfahrt doch bestenfalls ein gefährlicher Beruf.

Heute schneiden ordnungsgemäß betriebene Verkehrsflugzeuge in Punkto Sicherheit beim Vergleich mit anderen Transportmitteln positiv ab.

Die Schifffahrt hat ihren heutigen Stand nach jahrtausendelanger Entwicklung erreicht. Weniger als hundert Jahre zuvor fuhren nachts keine Züge, da der Betrieb bei Dunkelheit unsicher war. Autos sind auch nach 40 Jahren der Entwicklung immer noch auf gute Straßen angewiesen.

Das Flugzeug hat es innerhalb von weniger als einem Vierteljahrhundert geschafft, seinen Platz unter den wichtigsten Verkehrsmitteln einzunehmen. Auf unzugänglichem Gelände und unter Umständen, in denen die Zeit eine wichtige Rolle spielt, nimmt es eine Spitzenposition ein.

Die Entwicklung bis zum jetzigen Zeitpunkt war größtenteils militärisch geprägt. Die Kosten für die Entwicklung und Konstruktion von Flugzeugen sind so hoch, dass kommerzielle Unternehmen es sich nicht leisten können, mit eigenen Entwürfen herumzuprobieren. Als sich das Flugzeug noch im Experimentierstadium befand, konnten die Einkünfte aus Luftfahrtprojekten die Betriebskosten nur zu häufig nicht decken. Daher wurde die Entwicklung in den Anfangstagen größtenteils vom Staat finanziert, was dazu geführt hat, dass Flugzeuge für den Kriegseinsatz konstruiert und nicht auf Sicherheit oder wirtschaftlichen Betrieb ausgelegt wurden. Höchste Sicherheitsansprüche müssen bei einem Kampfflugzeug der Wendigkeit geopfert werden. An die Stelle der Wirtschaftlichkeit treten militärische Notwendigkeiten.

Die Entwicklung der kommerziellen Luftfahrt wurde in den Vereinigten Staaten durch den Mangel an Unterstützung durch die Regierung behindert, doch gerade diese fehlende Subventionierung wird sich als großer Vorteil für die Zukunft herausstellen. Eine subventionierte Fluglinie wird immer im Hinblick auf die Bedürfnisse des Geldgebers gestaltet. Die Organisation hängt von dem Geldgeber ab, und ihr Wachstum wird von ihm reguliert. Es wird Jahre dauern, bis sie Unabhängigkeit erlangt und die Einnahmen die Ausgaben übersteigen.

Eine Luftfahrtgesellschaft, die ohne Zuschüsse von außen aufgebaut wird, kann sich dagegen so entwickeln, wie es für die angebotenen Dienstleistungen erforderlich ist. Wenn das Verkehrsaufkommen so sehr steigt, dass mehr oder größere Flugzeuge benötigt werden, führt das zu einem höheren Profit und nicht zur Anforderung höherer Subventionen oder zu einer Erhöhung der Flugpreise, die die Nachfrage gering halten.

Das Flugzeug hat jetzt ein Stadium erreicht, in dem die Bedürfnisse der Wirtschaft ausreichen, um die Konstruktion von Flugzeugen ohne Rücksicht auf militärische Nützlichkeit zu ermöglichen. Mit dem Aufkommen rein ziviler Flugzeuge wird auch eine Wirtschaftlichkeit des Betriebs einhergehen, die die Betreiberorganisationen auf wirtschaftlich gesunde Füße stellt.

▸ *New York City – Ein Schneesturm im Juni*

Zweifellos werden die USA schon in wenigen Jahren von einem Netz aus Passagier-, Post- und Expressfluglinien überzogen sein.

Ein Transatlantik-Flugdienst ist jedoch noch Zukunftsmusik. Bevor ein regelmäßiger Flugplan zwischen Amerika und Europa aufgenommen werden kann, sind noch ausführliche Forschungsarbeiten und Studien nötig. Mehrmotorige Flugboote mit Zwischenstationen entlang der Route können den transozeanischen Luftverkehr praktisch möglich machen, aber ihre Entwicklung kann nur auf der soliden Grundlage von Erfahrung und bewährter Ausrüstung erfolgen.

9 Von San Diego nach New York

Die Möglichkeit eines transatlantischen Nonstop-Flugs von New York nach Paris war zum ersten Mal von Raymond Orteig ins öffentliche Bewusstsein gerückt worden, der 1919 einen mit 25.000 $ dotierten Preis für den ersten erfolgreichen Versuch stiftete. Die Einzelheiten dieses Unternehmens wurden in die Hände der National Aeronautic Asssociation gelegt. Um die Regeln festzulegen und ihre Einhaltung zu überwachen, wurde ein Komitee gegründet.

Über die Möglichkeit eines Fluges von New York nach Paris dachte ich zum ersten Mal auf einem Postflug in einer Herbstnacht des Jahres 1926 nach. Verschiedene Dinge kamen mir dabei besonders bedeutsam vor. An erster Stelle stand dabei die Tatsache, dass es mit den luftgekühlten Sternmotoren, auftriebsstarken Flügelprofilen und leichten Bauformen von heute nicht nur möglich war, Paris zu erreichen, sondern unter normalen Umständen auch noch mit einer großen Treibstoffreserve zu landen und den gesamten Flug mit einem hohen Grad an Sicherheit auszuführen.

In St. Louis fand ich eine Reihe einflussreicher Männer, die sich genügend für Luftfahrt interessierten, um ein solches Projekt zu finanzieren. Im Dezember 1926 unternahm ich eine Reise nach New York, um mich über Flugzeuge, Motoren und andere Aspekte des Unternehmens zu informieren.

Bei jedem wichtigen Flug müssen eine Reihe von Fragen vor dem Start geklärt werden. Zu den wichtigsten gehört die Frage nach dem Typ des Flugzeugs und der Anzahl der Motoren. Eindecker, deren allgemeine Nutzung in den USA gerade erst ihren Anfang nahm, sind für bestimmte Zwecke weit besser geeignet als Doppeldecker, da es keine Wirbel zwischen den Tragflächen gibt und sie daher bei gleich großer Flügeloberfläche mehr Last bei höherer Geschwindigkeit befördern können. Bei einmotorigen Flugzeugen sind Notlandungen zwar mit höherer Wahrscheinlichkeit zu erwarten als bei dreimotorigen, allerdings bieten sie weniger Luftwiderstand und weisen daher eine höhere Reichweite auf. Außerdem ist das Risiko dafür, dass ein Motor ausfällt, bei einer dreimotorigen Maschine dreimal so hoch. Wenn das im ersten Teil des Fluges geschieht, führt das zwar nicht gleich zu einer gefährlichen Notlandung, doch ist es zumindest erforderlich, einen Teil des Treibstoffs abzulassen, zurückzukehren und einen zweiten Startversuch zu unternehmen.

Moderne, luftgekühlte Sternmotoren sind so zuverlässig, dass das Risiko einer Notlandung beim Ausfall des einzigen Motors meiner Meinung nach durch die höhere Reichweite, durch die das Ziel auch unter ungünstigen Umständen erreicht werden könnte, mehr als ausgeglichen wird.

▸ *New York City – Die Parade passiert den Central Park, wo uns mehr als 400000 Menschen flankierten.*

Nach reiflicher Überlegung kam ich zu dem Schluss, dass ein einmotoriger Eindecker für meine Zwecke der am besten geeignete Typ für einen Langstreckenflug war. Im Anschluss an zwei weitere Reisen zur Ostküste und mehrere Besprechungen in St. Louis bestellten wir bei Ryan Airlines im kalifornischen San Diego am 28. Februar 1927 ein Flugzeug mit einem luftgekühlten 200-PS-Radialkolbenmotor vom Typ Wright Whirlwind J5C und Pioneer-Navigationsinstrumenten einschließlich Induktionskompass.

Ich fuhr nach San Diego, um den Auftrag zu erteilen, und blieb während der gesamten Konstruktion des Flugzeugs in Kalifornien.

Die Belegschaft von Ryan Airlines begeisterte sich sofort für das Unternehmen, und während der zweimonatigen Bauzeit wurde dort gearbeitet wie nie zuvor. Tag und Nacht, sieben Tage in der Woche, nahm die Konstruktion Form an und verwandelte sich von einem Gitterwerk aus einigen Stahlrohren zu einem der tüchtigsten Flugzeuge, das jemals in die Lüfte gestiegen war. In diesem Zeitraum war es für die Männer nicht ungewöhnlich, 24 Stunde ohne Pause zu arbeiten, und einmal saß Donald Hall, der Chefingenieur, 36 Stunden lang an einem Zeichentisch.

Ich verbrachte einen Großteil der Bauzeit, um mich um die Navigation zu kümmern und den Kurs mit seinen verschiedenen Richtungen und Varianten auf Karten und Diagrammen einzutragen. Nachdem ich die Route auf Zentralprojektions- und Mercatorkarten festgelegt hatte, errechnete ich die Gesamtstrecke von New York nach Paris anhand von nautischen Tabellen. Die Planung des Flugs von San Diego nach St. Louis und von dort aus weiter nach New York war im Vergleich damit ziemlich einfach. Ich las den Kurs einfach direkt von den Karten der Bundesstaaten ab.

Für den Flug von New York nach Paris arbeitete ich einen Großkreis aus, bei dem ich den Kurs alle 100 Meilen bzw. etwa jede Stunde ändern musste. Ich hatte mich dazu entschieden, das Gewicht des Navigators einzusparen und stattdessen zusätzlichen Treibstoff mitzuführen, um meine Reichweite um weitere 300 Meilen zu erhöhen. Die Gesamtentfernung betrug zwar 3610 Meilen, die Wasserfläche zwischen Neufundland und Irland erstreckte sich jedoch nur über etwa 1850 Meilen. Unter normalen Umständen musste ich also noch genügend Treibstoff haben, um Paris zu erreichen, selbst wenn ich bis zu meiner Ankunft an der europäischen Küste 300 Meilen vom Kurs abgekommen war. Wenn ich im Norden Skandinaviens oder im Süden Spaniens herauskam, konnte ich das Ziel zwar nicht mehr erreichen, das Flugzeug aber immer noch gefahrlos landen. Angesichts dieser Tatsachen erschien mir die zusätzliche Treibstoffreserve wichtiger als die Genauigkeit der Navigation.

Für den Flug von San Diego via St. Louis nach New York führte ich Karten der einzelnen Bundesstaaten und der gesamten USA mit, auf denen jeweils der Kurs eingezeichnet war, und für den Flug von New York nach Paris zwei Seekarten des Nordatlantiks mit dem Großkreiskurs und den einzelnen Peilungen im Abstand von 100 Meilen. Daneben hatte ich Karten aller Bundesstaaten, Gebiete und Länder, die ich überqueren sollte – Connecticut, Rhode Island, Massachusetts, Neuschottland, Neufundland, Irland, England und Frankreich. Dazu kam eine Karte von Europa.

Ich nahm an, dass ich meine Position an der Küste Europas ungefähr am Zustand des Geländes ablesen konnte. Irland ist leicht gebirgig, im Süden Englands herrscht Hügelland vor, in Frankreich breitet sich an der Küste Flachland aus und in Spanien ragen Berge auf. Daher ließ die Küstenlinie schon das Land erkennen. Die genaue Position konnte ich dann anhand der Kontur der Küste und der Lage der Städte, Flüsse und Eisenbahnschienen bestimmen.

Bei der Konstruktion war es notwendig, Stauraum für die Ausrüstung vorzusehen, die ich auf dem Flug mitnehmen wollte, vor allem auch für all das, was ich im Falle einer Notwasserung brauchte. In den ersten Stunden danach blieb noch genügend Luft in den Tanks, um das Flugzeug am Schwimmen zu halten. Allerdings nahm ich auch ein Schlauchboot mit, das sich innerhalb weniger Minuten aufblasen ließ und in der Lage war, ziemlich raue See zu überstehen.

Neben Verpflegung für die Zeit des Fluges nahm ich auch fünf Dosen der »eisernen Ration« des Heeres mit, die jeweils Nahrung für einen Tag enthielten, aber bei Bedarf auch länger vorhalten konnten. Außerdem packte ich zwei Feldflaschen mit Wasser ein, eine kleinere mit einem Liter Fassungsvermögen für den Flug und eine mit vier Litern für Notfälle. Daneben hatte ich noch einen Armburst-Becher, um Trinkwasser durch Kondensation aus dem Atem gewinnen zu können. Dieser Behälter ist mit einem Tuch zugedeckt und enthält eine Reihe von Scheidewänden, durch die der Atem geblasen wird. Der Becher wird in Wasser getaucht und wieder herausgenommen, dann bläst man hinein. Die Verdunstung des Wassers auf der Außenseite kühlt die Wandung und die Scheidewände, auf denen sich die Feuchtigkeit des Atems niederschlägt. Das so gewonnene Wasser sammelt sich dann im unteren Teil des Behälters.

Auf den Flug nahm ich folgende Ausrüstung mit:
- 2 Taschenlampen
- 1 Rolle Seil
- 1 Rolle Schnur
- 1 Jagdmesser
- 4 rote Signalraketen, in Gummiröhren verschlossen
- 1 wasserdichter Streichholzbehälter mit Streichhölzern
- 1 große Nadel
- 1 Feldflasche mit 4 l Wasser
- 1 Feldflasche mit 1 l Wasser
- 1 Armburst-Becher
- 1 Schlauchboot mit Luftpumpe und Reparatursatz
- 5 Dosen Notrationen der Armee
- 2 Luftkissen
- 1 Metallsägeblatt

Gegen Ende April waren die Arbeiten in der Werkshalle abgeschlossen. Eines Morgens wurde die 14 m lange Tragfläche aus dem ersten Stock der Fabrik auf das Dach eines Güter-

▶ *New York City – Die Parade im Central Park, gesehen von einem umliegenden Wolkenkratzer*

wagens abgelassen und dann mithilfe eines Motorkrans auf einen bereitstehenden Laster befördert. Wenige Tage später stand das Flugzeug komplett zusammengebaut in seinem Hangar, und am 28. April, 60 Tage nach Erteilung des Auftrags, unternahm ich den ersten Probeflug mit der *Spirit of St. Louis*. Die tatsächliche Leistung übertraf die theoretischen Erwartungen. Das Flugzeug löste sich nach 6 1/8 s bzw. nach einer Strecke von 50 m vom Boden und trug noch weitere 400 Pfund Treibstoff in Sondertanks sowie Ausrüstung. Der Höchstwert, den ich auf dem Geschwindigkeitsmesser ablas, betrug 128 Knoten, und die Steigleistung war hervorragend.

Die Belastungstests erfolgten auf dem alten Exerzierplatz Camp Kearny in der Nähe von San Diego. An einem nebligen Morgen startete ich bei Tagesanbruch von dem Flugplatz bei Dutch Flats und machte mich auf den Weg zur Teststrecke der Armee, die sich drei Kilometer lang am Coronado Strand entlang zog. Über dem Hafen von San Diego verschlechterten sich die Sichtverhältnisse sehr stark, weshalb ich gezwungen war, in Rockwell Field auf North Island zu landen und mit meinen Geschwindigkeitstests zu warten, bis sich der Nebel gelichtet hatte. Die Sonne vertrieb den Nebel schon bald, und ich flog bei leichtem Seitenwind viermal mit durchschnittlich 129 Knoten über die Teststrecke. Dabei führte ich etwa 100 l Benzin und mehr als 400 Pfund an Zusatztreibstoff und Ausrüstung mit. Auf dem Weg nach Camp Kearney führte ich eine Reihe von Tests durch, um die Beziehung zwischen Motordrehzahl und Fluggeschwindigkeit zu ermitteln, und als ich den alten Exerzierplatz erreichte, hatte ich schon eine Menge wertvoller Daten gewonnen.

Vor der Landung wollte ich noch einen letzten Test durchführen. Als ich ihn zur Hälfte abgeschlossen hatte, geriet das Klemmbrett mit meinen Aufzeichnungen zu nahe an das Fenster und wurde von einem Windstoß aus dem Cockpit gerissen. Ich befand mich etwa fünf Meilen von Camp Kearny entfernt und flog in etwa 360 m über ein Dickicht. Mir blieb nichts anderes übrig, als in großen Spiralen um die Stelle zu kreisen und zuzusehen, wie das Brett nach unten stürzte und im Geäst eines Baums aufschlug. Etwa 200 m von dem Baum entfernt öffnete sich eine kleine Lichtung, in der es möglich war, ein langsames Flugzeug zu landen. Ich flog nach Camp Kearny weiter und ließ jemand mit einer der Hisso Standard kommen, die Ryan Airlines für Passagierflüge zwischen San Diego und Los Angeles einsetzte. Als die Hisso eintraf, flog ich damit zu der Lichtung. Das über Bord gegangene Klemmbrett hatte ich von der Luft aus deutlich sehen können, aber in dem dichten Gebüsch konnte ich es auch nach einer viertelstündigen Suche nicht finden. Also zog ich

▸ *New York City – Rede während der Zeremonie im Central Park. Gouverneur Smith, N.Y. hinter dem Mikrofon*

meinen Mantel aus und hängte ihn auf den Wipfel eines anderen Busches. Daraufhin startete ich wieder und versuchte, die Lage des Brettes in Bezug zu dem Mantel bestimmen.

Ich fand beide ohne Schwierigkeiten wieder und stellte fest, dass sie etwa 15 m voneinander entfernt lagen. Abermals landete ich, aber wiederum war ich nicht in der Lage, das Klemmbrett ausfindig zu machen. Ich verlegte meinen Mantel zu der Stelle, in deren Nähe es sich meiner Ansicht nach befinden musste, und startete wieder. Jetzt war der Mantel nur noch sechs Meter von dem Brett entfernt, und doch brauchte ich mehrere Minuten, bis ich es in dem dichten Gebüsch endlich finden konnte.

Nachdem ich mit der Standard nach Camp Kearney zurückgekehrt war, bereiteten wir die Tragfähigkeitstests der *Spirit of St. Louis* vor.

Dabei begannen wir mit leichter Last und steigerten das Gewicht dann nach und nach um jeweils 200 l Benzin, bis wir den letzten Probeflug schließlich mit 1200 l durchführten. Das Flugzeug bestand diese Prüfungen mit Leichtigkeit. Mit 1200 l Treibstoff an Bord startete es bereits nach 20 s bzw. 312 m und erreichte eine Höchstgeschwindigkeit von 126 Knoten. Die Tests erfolgten bei Seitenwind mit Geschwindigkeiten zwischen zwei und neun Knoten und auf etwa 180 m über Meereshöhe.

Der letzte Flug ging in der Abenddämmerung zu Ende, und wir ließen das Flugzeug über Nacht unter Bewachung auf dem Feld. Am nächsten Morgen ließen wir den Großteil des Benzins wieder ab, und ich flog zurück nach Dutch Flats, wo die letzten Vorbereitungen für den Flug nach St. Louis begannen.

Aufgrund von Stürmen, die über die ganzen USA tobten und den Erfolg eines Überlandflugs nach St. Louis ernsthaft gefährdeten, verzögerte sich mein Aufbruch aus San Diego um vier Tage. Von der Reise nach St. Louis erwartete ich mir einige sehr wichtige Daten, die ich auf der letzten Etappe nach New York gut gebrauchen konnte.

Am Nachmittag des 9. Mai sagte Dean Blake, der Leiter der Wetterwarte von San Diego, gute Flugbedingungen für den folgenden Tag voraus. Am nächsten Morgen überführte ich das Flugzeug nach Rockwell Field und startete um 15.55 Ortszeit mit 950 l Treibstoff von North Island, um mich auf den Weg nach St. Louis zu machen. Begleitet wurde ich von zwei Aufklärungsmaschinen des Heeres und einem der Eindecker von Ryan. Wir umkreisten North Island und San Diego und nahmen dann Kurs auf St. Louis.

Das Flugzeug überquerte die erste Gebirgskette in 1200 m Höhe ohne Schwierigkeiten bei gedrosselter Leistung. Die Begleitmaschinen kehrten beim Erreichen der Berge um, während ich allein über die Wüste und den Salton-See weiterflog. Bei Sonnenuntergang befand ich mich über den Wüsten und Bergen des westlichen Arizona.

Der Mond stand deutlich über dem Horizont, und abgesehen von einem kurzen Zeitraum vor Sonnenaufgang konnte ich die Umrisse der Gegend während der ganzen Nacht klar erkennen. Ich flog nach Kompass und überquerte dabei abwechselnd schneebedeckte Höhenzüge, Wüsten und fruchtbare Täler. Einer der Bergrücken war 3600 m hoch und lag komplett im Schnee. Ich setzte mit etwa 150 m Abstand über den Rücken hinweg und flog über den dahinter liegenden Ebenen weiter.

Die Berge ließ ich schnell hinter mir, und lange vor Tagesanbruch befand ich mich schon über der Prärie im Westen von Kansas. In der Morgendämmerung bestimmte ich meine Position: Ich befand mich 20 Meilen südlich des festgelegten Kurses, knapp östlich von Wichita in Kansas. Um 8.00 Uhr Ortszeit erreichte ich Lambert Field und landete dort um 8.20 Uhr am 11. Mai, 14 Stunden und 25 Minuten nach dem Aufbruch von der Pazifikküste.

Das Wetter hatte sich während der ganzen Reise genau an die Vorhersage von Dean Blake gehalten.

Am nächsten Morgen, um 8.13 Uhr des 12. Mai, brach ich von Lambert Field nach New York auf. Ich hatte Westwind und während des größten Teils dieser Etappe gute Sichtverhältnisse. Über den Alleghenys jedoch bewölkte sich der Himmel, und einige Bergspitzen waren in tief hängende Wolken gehüllt, weshalb ich den Pässen folgte.

Um 17.33 Uhr New Yorker Ortszeit landete ich auf dem Flughafen Curtiss Field auf Long Island.

10 Von New York nach Paris

In New York überprüften wir das Flugzeug, den Motor und die Instrumente, wozu mehrere kurze Flüge über den Platz erforderlich waren.

Als das Flugzeug komplett durchgesehen und für den Transatlantikflug bereit war, wurden dichter Nebel an der Küste, über Neuschottland und Neufundland und ein Unwettergebiet über dem Nordatlantik gemeldet.

Am Morgen des 19. Mai war der Himmel bewölkt und es fiel ein leichter Regen. Die Wetterberichte von den Stationen an Land und von Schiffen entlang meines Großkreiskurses waren ungünstig. Offensichtlich gab es für mindestens einige Tage keine Aussicht, nach Paris aufbrechen zu können. So besuchte ich morgens das Wright-Werk in Paterson, New Jersey, und wollte mir am Abend eine Theatervorstellung in New York ansehen. Aber um 18 Uhr erhielt ich einen Sonderbericht von der New Yorker Wetterwarte.

▸ *Brooklyn, N. Y. – Rede während der Zeremonie im Prospect Park*

Über dem Nordatlantik befand sich ein Hochdruckgebiet, und die Tiefdruckgebiete über Neuschottland und Neufundland zogen sich zurück. Die Chancen dafür, dass sich der Nebel lichtete, waren jetzt genauso gut wie später. Über dem Nordatlantik war klare Sicht zu erwarten, mit nur örtlich begrenzten Unwettern an der europäischen Küste. Der Mond war gerade erst voll geworden und der prozentuale Anteil der Tage mit Nebel über Neufundland und den Great Banks war wieder im Steigen begriffen. Es hatte also keinen Sinn, noch länger zu warten.

Wir beeilten uns, nach Curtiss Field zu gelangen, und trafen Vorkehrungen dafür, dass der Barograf versiegelt und installiert und das Flugzeug versorgt und durchgecheckt wurde.

Wir ließen die Tanks teilweise im Hangar befüllen und das Flugzeug dann auf einem Lastwagen nach Roosevelt Field befördern, einen Flugplatz, der östlich an Curtiss Field angrenzte. Dort sollte die Versorgung der Maschine abgeschlossen werden.

Ich überließ die Vorbereitung des Flugzeugs den Technikern auf dem Flugplatz und zog mich ins Hotel zurück, wo ich zweieinhalb Stunden ausruhen konnte. Dann aber musste ich mich im Hotel um mehrere andere Einzelheiten kümmern, die noch der Klärung bedurften, weshalb ich in dieser Nacht keinen Schlaf fand.

Am Morgen des 20. Mai kehrte ich vor Tagesanbruch zum Flugplatz zurück. Da fast bis zur Morgendämmerung ein leichter Regen niederging, verlegten wir das Flugzeug erst viel später nach Roosevelt Field, als wir geplant hatten. Dadurch verzögerte sich der Start vom Tagesanbruch auf 8 Uhr.

Zur Morgendämmerung waren die Schauer vorbeigezogen. Der Himmel war jedoch immer noch bewölkt, und gelegentlich kam es immer noch zu leichten Niederschlägen. Das Flugzeug war mit dem Heck an dem Lastwagen festgebunden und wurde von mehreren Polizisten auf Motorrädern begleitet. Die langsame Überführung von Curtiss nach Roosevelt begann.

Wir brachten das Flugzeug zum äußersten westlichen Ende der in Ost-West-Richtung verlaufenden Piste und schlossen die Betankung ab.

Um 7.40 Uhr startete ich den Motor, und um 7.52 Uhr hob ich ab und machte mich auf den Weg nach Paris.

Wegen der nächtlichen Regenfälle war der Boden des Flugplatzes aufgeweicht, sodass das schwer beladene Flugzeug nur sehr langsam Fahrt aufnahm. Als ich die Halbbahnmarkierung passierte, war jedoch klar, dass ich es schaffen würde, die Hindernisse am Ende zu überfliegen. Ich zog mit knapp fünf Metern Abstand über einen Traktor und mit sechs Metern über eine Telefonleitung hinweg und hatte dabei eine genügende Reserve an Fluggeschwindigkeit. Von hartem Boden hätte dieses Flugzeug vermutlich auch noch mit 500 Pfund Gewicht mehr starten können.

Um einigen Bäumen und einem direkt vor mir liegenden Hügel auszuweichen, zog ich die Maschine ein wenig nach rechts. Schon nach wenigen hundert Metern hatte ich jedoch genug Höhe erreicht, um von allen Hindernissen freizukommen, und drosselte den Motor auf 1750 U/min. Sofort danach ging ich auf Kompasskurs und erreichte bald den Long-Island-Sund. Die Curtiss Oriole mit dem Fotografen, die mich eskortiert hatte, kehrte an dieser Stelle um.

Der Dunst löste sich bald auf, und von Cape Cod bis zur südlichen Hälfte von Neuschottland waren Wetter und Sichtbedingungen hervorragend. Ich flog sehr tief, manchmal nur drei Meter über den Bäumen oder dem Wasser.

Die 300 Meilen Wasser zwischen Cape Cod und Neuschottland passierte ich in Sichtweite zahlreicher Fischereifahrzeuge.

Im Nordteil von Neuschottland gab es eine Reihe von Unwettergebieten, und mehrmals flog ich durch Wolkenbrüche.

Als ich mich der Nordküste näherte, tauchten Schneeflecken am Boden auf. Die Küste fern im Osten war in Nebel eingehüllt.

▶ *Testflug mit der »Spirit of St. Louis« in San Diego*

Das Meer zwischen Neuschottland und Neufundland war viele Meilen weit mit Eis bedeckt, aber als ich mich der Küste näherte, verschwand das Eis vollständig, und ich konnte sogar einige Schiffe in dieser Gegend sehen.

Ich hatte Kurs auf St. John`s genommen, das ein wenig südlich des Großkreises von New York nach Paris liegt, damit im Falle einer Notwasserung im Nordatlantik kein Zweifel daran aufkommen konnte, dass ich Neufundland überquert hatte.

Hinter St. John`s überflog ich mehrere Eisberge, und nachdem ich die Küste hinter mir gelassen hatte, sah ich keine Schiffe mehr.

Die Dunkelheit brach um 20.15 Uhr New Yorker Zeit an. Es bildete sich ein dünner, tief hängender Nebel, aus dem sich die weißen Berge mit erstaunlicher Klarheit hervorhoben. Der Nebel wurde dichter und wuchs stetig an, bis ich nach zwei Stunden in 3000 m Höhe nur noch knapp über die Oberfläche von Sturmwolken hinwegflog. Selbst in dieser Höhe wogte ein dichter Dunst, durch den ich nur noch die Sterne sehen konnte, die direkt über mir standen.

Die Nacht war mondlos und sehr dunkel. Die Spitzen einiger Sturmwolken hingen mehrere hundert Meter über mir, und als ich einmal versuchte, eine der größeren Wolken zu durchfliegen, sammelte sich Schneematsch auf meinem Flugzeug an, sodass ich gezwungen war, sofort zu wenden und wieder ins Freie zu gelangen. Danach umflog ich alle Wolken, über die ich nicht hinwegsteigen konnte.

Etwa zwei Stunden nach Einbruch der Dunkelheit erschien der Mond über dem Horizont. Damit war das Fliegen wieder viel einfacher geworden.

Um 1 Uhr New Yorker Zeit dämmerte der Morgen. Die Temperatur war angestiegen, sodass keine Gefahr von Schneeregen mehr bestand.

Kurz nach Sonnenaufgang lockerte sich die Bewölkung. Einige Wolken türmten sich jedoch immer noch hoch über mir auf, und häufig war es notwendig sie zu durchfliegen, wobei ich mich nur anhand der Instrumente orientieren konnte.

Als die Sonne höher stieg, bildeten sich Lücken im Nebel. Als ich durch eine davon das offene Meer erkennen konnte, tauchte ich hindurch, bis ich weniger als 30 m über den Wogen dahinflog. Aus Nordwesten blies ein starker Wind, und der Ozean war von Schaumbergen bedeckt.

Nach einigen Meilen mit ziemlich gutem Wetter senkte sich die Wolkendecke auf Höhe null herab. Fast zwei Stunden brachte ich im Blindflug in 450 m Höhe zu. Dann hob sich der Nebel, sodass das Wasser wieder sichtbar wurde.

Es war noch mehrmals notwendig, für kurze Zeit nach Instrumenten zu fliegen. Dann löste sich der Nebel in einzelne Schwaden auf, die alle erdenklichen Formen annahmen. Mehrere Küstenlinien tauchten aus dem Dunst auf, die Bäume perfekt am Horizont ausgerichtet. Diese Trugbilder waren so realistisch, dass ich sie wahrscheinlich mit Inseln verwechselt hätte, wenn ich mich nicht über dem Nordatlantik befunden und gewusst hätte, dass es entlang meiner Route kein Land gab.

Als sich der Nebel lichtete, sank ich wieder zur Wasseroberfläche. Selten flog ich höher als 60 m, und hielt teilweise sogar nur einen Abstand von drei Metern.

In Bodennähe – oder über dem Wasser – gibt es ein Luftkissen, auf dem man ein Flugzeug mit weniger Anstrengung halten kann als in größerer Höhe. Mehrere Stunden lang konnte ich diesen Effekt zu meinem Vorteil nutzen.

Außerdem war es in der Nähe der Wasseroberfläche einfacher, die Windabdrift zu bestimmen. Während des gesamten Flugs wehte der Wind stark genug, um Schaumberge auf den Wellen zu erzeugen. Irgendwann wird der Schaum weggeblasen, woran man die Windrichtung und seine ungefähre Geschwindigkeit ablesen kann. Der Schaum blieb lange genug auf dem Wasser, um mir eine Vorstellung von meiner Abdrift zu geben.

Im Laufe des Tages beobachtete ich eine Reihe von Zwergwalen und einige wenige Vögel, sah aber keine Schiffe. Später erfuhr ich, dass zwei Boote mein Vorbeifliegen gemeldet hatten.

Das erste Anzeichen dafür, dass ich mich der europäischen Küste näherte, war ein kleines Fischerboot, dass ich einige Meilen voraus und ein wenig südlich meines Kurses erspähte. Es gehörte zu einer Gruppe mehrerer Boote, die jeweils einige Meilen voneinander entfernt waren.

Ich überflog das erste Boot, ohne eine Menschenseele zu entdecken. Als ich das zweite umkreiste, zeigte sich jedoch das Gesicht eines Mannes, der aus dem Kajütfenster lugte.

Schon früher hatte ich mich vom Flugzeug aus mit Personen am Boden unterhalten, indem ich mit gedrosseltem Motor langsam herangeflogen war, eine Frage gebrüllt und irgendein Signal zur Antwort erhalten hatte. Als ich diesen Fischer sah, wollte ich ihn dazu bringen, mir die Richtung zum Festland zu zeigen. Kaum hatte ich den Entschluss gefasst, als mir die Fruchtlosigkeit dieses Versuchs bewusst wurde. Wahrscheinlich sprach er kein Englisch, und selbst wenn doch, war er zweifellos viel zu überrascht, um zu antworten. Trotzdem umkreiste ich das Boot noch einmal und drosselte den Motor, als ich das Flugzeug knapp daneben befand. »Wo geht's nach Irland?«, rief ich. Natürlich bekam ich keine Antwort, weshalb ich mich wieder auf meinen alten Kurs machte.

Weniger als eine halbe Stunde später erschien im Nordosten eine zerklüftete und zur Hälfte gebirgige Küste. Zu diesem Zeitpunkt befand ich mich keine 60 m über dem Wasser. Die Küste war deutlich zu erkennen und nicht mehr als 10 bis 15 Meilen entfernt. Leichter Dunst und mehrere lokale Unwetttergebiete hatten verhindert, dass ich sie aus größerer Entfernung sehen konnte.

Ich machte Cape Valentia und Dingle Bay ausfindig und nahm wieder den Kurs nach Paris auf.

▶ *Washington, D.C. – Auf dem Nationalfriedhof Arlington*

Nachdem ich Irland hinter mir gelassen hatte, überflog ich eine Reihe von Dampfern. Nur selten befand ich mich außer Sichtweite von Schiffen.

Nach kaum mehr als zwei Stunden tauchte die Küste von England auf. Mein Kurs führte über Südengland und knapp südlich von Plymouth entlang.

Die englischen Güter wirken von der Luft aus eindrucksvoller als unsere amerikanischen Farmen. Sie erscheinen äußerst klein und mit ihren Steinmauern und Hecken ungewöhnlich sauber und ordentlich.

Ich flog in etwa 450 m Höhe über England hinweg. Als ich den Ärmelkanal überquert hatte und über Cherbourg angekommen war, hatte ich wahrscheinlich mehr von diesem Teil Europas gesehen als viele Europäer. Die Sichtbedingungen waren gut, und ich konnte viele Meilen weit ins Land hinausblicken.

Menschen, die zum ersten Mal fliegen, sagen sehr häufig, dass man seinen Wohnort erst dann richtig kennenlernt, wenn man ihn von der Luft aus sieht. Das Land nimmt aus der Höhe betrachtet ganz andere Züge an.

Kurz nachdem ich Cherbourg hinter mir gelassen hatte, ging die Sonne unter, und die Leuchtfeuer entlang der Strecke von Paris nach London wurden sichtbar.

Die ersten Lichter von Paris konnte ich kurz vor 22 Uhr Ortszeit oder 17.00 Uhr New Yorker Zeit erkennen, und schon wenige Minuten später umkreiste ich den Eiffelturm in einer Höhe von etwa 1200 m.

Die Lichter von Le Bourget waren deutlich sichtbar, schienen aber sehr nah an Paris zu sein. Da ich gedacht hatte, der Flugplatz wäre viel weiter von der Stadt entfernt, flog ich weitere vier oder fünf Meilen nach Nordosten, um sicherzugehen, dass es weiter draußen keinen anderen Flugplatz mehr gab. Dann kehrte ich wieder um und näherte mich in Spiralen den Lichtern. Jetzt konnte ich die langen Reihen der Hangars und die mit Autos vollgestopften Straßen ausmachen.

Ich flog einmal tief über das Feld hinweg, drehte in den Wind und landete.

Nachdem das Flugzeug ausgerollt war, wendete ich die Maschine und ließ sie zurück zu den Lichtern rollen. Das gesamte Feld vor mir war jedoch mit Tausenden von Menschen überfüllt, die alle meinem Flugzeug entgegeneilten. Als die ersten von ihnen eintrafen, versuchte ich sie dazu zu bringen, den Rest der Menge zurückzuhalten, weg von dem Flugzeug, aber entweder konnten mich die Leute nicht verstehen oder sie waren nicht in der Lage, meinem Verlangen nachzukommen.

Ich drückte den Schalter, damit niemand durch den Propeller zu Tode kam, und versuchte einen Wachdienst für das Flugzeug zu improvisieren. Es stellte sich jedoch sofort als unmöglich heraus, so etwas zu organisieren. Als die Teile des Flugzeugs aufgrund des Drucks der heranströmenden Menschenmassen zu knirschen begannen, entschloss ich mich, aus dem Cockpit zu klettern, um die Menge abzulenken.

Eine Rede konnte ich nicht halten, denn in dem Aufruhr wäre kein Wort zu verstehen gewesen. Außerdem sah es nicht so aus, als ob irgendjemand zum Zuhören bereit gewesen wäre. Ich versuchte also, aus dem Flugzeug zu steigen, doch kaum erschien mein Fuß in der Tür, als ich auch schon gepackt und herausgezogen wurde, ohne dass ich selbst irgendeine Bewegung dazu beitragen musste.

Fast eine halbe Stunde lang konnte ich den Erdboden nicht mehr berühren, sondern wurde begeistert auf einer anscheinend sehr kleinen Fläche und dabei in jeder vorstellbaren Lage herumgetragen. Alle hatten die besten Absichten, aber niemand schien eine Ahnung davon zu haben, welche Absicht das war.

Auf kreative Weise gelang es den französischen Militärfliegern, die Situation in die Hand zu bekommen. Eine Reihe von ihnen mischte sich unter die Menge, und auf ein vereinbartes Zeichen hin stülpten sie einem amerikanischen Pressekorrespondenten meine Fliegerkappe über und riefen: »Hier ist Lindbergh!« Der Hut auf einem Amerikaner war für die Massen Beweis genug. Sofort wurde der Korrespondent zum Mittelpunkt der Aufmerksamkeit, und während er unter Protest über eine ziemlich wirre Route zum Empfangskomitee getragen wurde, gelang es mir, mich in einen der Hangars zu stehlen.

Inzwischen hatte eine zweite Gruppe von Soldaten und Polizisten das Flugzeug umringt, sodass es kurz danach außer Gefahr in einen anderen Hangar geschoben werden konnte.

Die Gabe der Franzosen, ungewöhnliche Situationen rasch und geschickt zu handhaben, hatte sich an jenem Abend in Le Bourget in voller Blüte gezeigt.

Botschafter Herrick lud mich ein, meinen Aufenthalt in Paris als Gast der Botschaft zu verbringen, was ich dankbar annahm. Ich brauchte nicht lange, um zu erkennen, welche gütige Fügung mich in Botschafter Herricks Hände gespielt hatte. In den folgenden Tagen fand ich mich in Situationen wieder, in die ich nie zu kommen geglaubt hatte und in denen ich ganz auf Herricks mitfühlende Hilfe angewiesen war.

Es waren Situationen, in die ich aufgrund des herzlichen Willkommens geriet, das man mir – einem Amerikaner – bereitete und das mich stärker berührte, als Worte ausdrücken können. Als ich Frankreich wieder verließ, war ich von tiefer Dankbarkeit erfüllt, die ich niemals zurückzahlen kann, aber stets im Gedächtnis behalten werde. Hätte das französische

▸ *Begrüßung in St. Louis – Blick in die Washington Avenue*

Volk seine eigenen tapferen Piloten feiern dürfen – Nungesser und Coli, die trotz unüberwindlicher, viel größerer Schwierigkeiten, als sie sich mir geboten hatten, gestartet und seitdem verschollen waren –, so hätte das Willkommen nicht begeisterter und großzügiger ausfallen können.

Auch in Belgien wurde ich mit einer Wärme empfangen, die mehr als nur flüchtige Neugier wegen eines Transatlantikflug widerspiegelte, sondern bewies, wie sehr die Menschen an einem neuen Verkehrsmittel interessiert waren, dass die neue und die alte Welt näher zusammenbringen konnte. Auch das dortige Willkommen wird mir für alle Zeiten eine geschätzte Erinnerung bleiben.

In England erlebte ich eine letzte und unvergessliche Demonstration der Freundschaft gegenüber einem Amerikaner. Der spontane, wundervolle Empfang während meines kurzen Besuchs schien mir ein typisches Beispiel für den berühmten Sportsgeist der Briten.

All diesen Freunden in Europa kann ich mit Worten nur unzureichend danken, aber meine Wertschätzung ist grenzenlos.

11 Schlusswort

Als ich den Flug nach Paris plante, wollte ich eine kleine Rundreise durch Europa unternehmen und mir dabei vor allem die verschiedenen Flughäfen und Entwicklungen in der Luftfahrt ansehen.

Als ich ankam, wurde es jedoch offensichtlich, dass ich in naher Zukunft nach Amerika zurückkehren musste. Botschafter Houghton teilte mir mit, dass Präsident Coolidge den Kreuzer *Memphis* nach Cherbourg gesandt hatte, auf dem ich zurückreisen sollte. Am Morgen nach dieser Unterredung flog ich mit der *Spirit of St. Louis* nach Gosport. Dort wurde das Flugzeug mit der Hilfe der Royal Air Force zerlegt und in Kisten verpackt. Die RAF stellte mir auch eine Woodcock-Jagdmaschine zur Verfügung.

Mit der Woodcock kehrte ich nach London zurück und flog dann einige Tage später in einer anderen RAF-Maschine desselben Typs wieder nach Paris.

NOTLANDUNG IM HUDSON RIVER

Was geschah auf Flug 1549? Passagiere und Augenzeugen rekonstruieren die sensationelle Notwasserung von Flugkapitän Sullenberger

William Prochnau und Laura Parker

320 Seiten mit farbiger Übersichtskarte
ISBN 978-3-941719-02-6 • € 19,90

Protokoll einer Katastrophe mit Happy-End

Wie ist es eigentlich, einen Flugzeug-Crash mitzuerleben? Zusammen mit dem renommierten Vanity Fair-Autor William Prochnau haben die Überlebenden der Notwasserung eines Airbu A320 in New York das Ereignis minutiös aufgearbeitet. Auf 320 Seiten erleben Sie in den Schilderungen der Augenzeugen selbstlose Rettungsaktionen, Menschen, die über sich hinauswachsen, aber auch desorientierte Passagiere, aufgeregtes Kabinenpersonal und das Chaos beim Notausstieg ins eisige Wasser.

FREEFALL

Flughöhe 12000 m – und leere Tanks

William und Marilyn Hoffer

304 Seiten, ausklappbare farbige Übersichtskarte
ISBN 978-3-941719-06-4 • € 19,90

Die Geschichte von Air Canada-Flug 143

Im Juli 1983 bricht in Kanada eine Boeing 767 aufgrund eines Berechnungsfehlers mit nur der Hälfte des erforderlichen Treibstoffs zu einem Transkontinentalflug auf. In 12.000 m Höhe falle auf halber Strecke beide Triebwerke aus. Der 130 t schwere, hype moderne Airliner ist zu einem Segelflugzeug geworden, das rasch an Höhe verliert. In einer scheinbar ausweglosen Situation treffen die beiden Piloten eine wagemutige Entscheidung.

AM STEUER DES AIRBUS A380

ca. 160 durchgehend farbige Seiten mit zahlreichen Fotos
ISBN 978-3-941719-07-1 • € 19,90

Ein Gigant hautnah

Am Steuer des Airbus A380 zeigt Ihnen aus der Sicht des Piloten, wie es ist, diese riesige Maschine zu fliegen. Dieses Buch wurde vo einem erfahrenen A380-Kapitän verfasst und nimmt den Leser mi auf einen Flug von London nach Dubai. Dabei begleiten Sie die Cockpitbesatzung bei allen Tätigkeiten auf dieser Reise: von der Planung der Flugstrecke über die Vorflugkontrolle, den Steig- und Reiseflug bis zum Abschalten der Triebwerke in der Parkposition am Ziel Dubai, viele tausend Kilometer vom Start entfernt.